KB234999

아이들은 길 위에서 자란다

아이들은 길 위에서 자란다

개정판

아이들은 길 위에서 자란다

김선미 지음

마고북스

언제고 휴전선 너머 3번 국도의 북쪽 구간까지
마저 달리고 싶다. 그때도 딸들이 기꺼이
동행을 허락할지는 모르겠다.

2005년 여름, 서른여섯의 나는 길을 떠났다. 애당초 꼼꼼한 준비나 거창한 계획 따위는 없었다. 집 앞으로 난 길을 따라 남쪽 끝까지 한번 가보자는 것이 전부였다. 초등학교 5학년과 3학년이던 딸들을 데리고서.

왜 그렇게 간절히 떠나고 싶었을까. 마흔을 넘어 이제야 진지하게 내게 묻는다. 가장 열정적으로 일하던 시절이었는데 말이다. 나는 그때 일과 가정 사이에서 정신없이 쳇바퀴를 굴리면서 나보다 좋은 조건에 있는 남자나 미혼인 후배들을 부러워하면서도, 한편으로는 그들이 게으르다고 생각할 정도로 오만했다. 돌이켜볼수록 아찔하고 위험한 상황이었다. 그때 잠시나마 과열된 내 엔진을 꺼버린 것이 얼마나 다행인지 모른다.

그 여름 딸들과 함께 자동차에 텐트를 싣고 떠난 날부터, 북상하는 장마전선이 열 오른 나를 식혀주었다. 우리의 길은 집이 있던 경기도 광주에서 출발해 충주, 괴산을 지나 백두대간을 넘고 문경, 상주, 김천, 거창, 함양, 산청, 진주, 사천을 거쳐 바다 건너 남해까지, 그리고 다시 순천, 고흥을 지나 제주도에서 국토의 최남단 마라도까지 이어졌다. 길은 막힘이 없었고 빗줄기도 거침이 없었다.

이 땅의 남쪽은 봄이 오는 곳이다. 딸들에게 '무조건 남쪽 끝까지 가보자'고 했던 나는, 아마도 인생의 봄날을 그리워하고 있었나 보다. 첫딸이 막 사춘기로 접어들 무렵 엄마가 다시 봄(春)을 생각하게(思) 되는 것은 자연의 이치였다고 여겨진다.

봄은 얼음장처럼 경직된 대지가 보슬보슬 풀리는 시절이다. 그렇게 흙이 보드라워져야만 씨앗이 싹을 내밀 틈이 생긴다. 틈이 없는 인생은 얼마나 삭막한가. 잘 짜인 계획표대로 빈틈없이 자라는 요즘 아이들을 바라보면 더욱 그렇다. 딸들과 함께한 여행은 규격화된 일상의 틀에서 아이들의 상상력이 자유롭게 뻗어나갈 수 있는 틈을 만들어주었다고 생각한다. 물론 고생스럽고 거친 틈이었지만 자연과 깊이 만나는 방식이었기에 남다른 즐거움이 있었다. 그런 의미에서 캠핑을 선택한 것은 멋진 여행이고 공부였다. 대자연의 품에 스스로 집을 지으며 '드넓고 야생적인 곳에서, 자유롭게, 모험을 즐기고, 자연의 방식에 따라 스스로를 돌보는 방법을 배우는' 즐거운 교실, 딸들과 내가 우리 국토의 길 위에 만든 멋진 학교였다.

그 여름 꿈 같았던 우리의 여행은 엄마인 나에게도 틈을 주었다. 앞만 보고 내달리던 인생에 균열을 만든 것이다. 결국 나는 여행을 마치고 오래지 않아 직장을 그만두었고, 다시 새로운 길을 모색하기 시작했다. 아이들이 더 자라기 전에 보다 평화로운 엄마 노릇을 하고 싶었다.

오늘 해묵은 우리의 여행이 새 옷으로 갈아입은 것을 보니, 처음 멋모르고 책을 낼 때보다도 부담스럽고 또 부끄럽다. 그사이에도 내가 자란 모양이다. 아이들이 자란 것은 두말할 필요가 없다. 큰딸아이는 이제 내가 위로 올려다보아야 할 만큼 키가 자랐다. 딸들의 마음과 생각의 키가 자란 것은 크기를 가늠하기조차 힘들다. 중학생이 된 딸들은 엄마도 변했다고 말한다. "엄마는 왜 다른 엄마처럼 공부하라고 안 해?"라고 항의까지 하던 아이가 요새는 엄마의 잔소리가 지겹다고까지 하니까.

나는 그런 딸들과 남부럽지 않게 싸우고 또 화해하며, 질풍노도 격랑의 한복판으로 함께 걸어가고 있다. 이제 딸들과 함께 여행하려면 번호표 뽑고 순번을 기다려야 할 만큼 아이들만의 세계가 뚜렷해졌다. 나는 그것을 자연스럽고 기쁜 일로 받아들여야 한다고 혼자 다독일 줄도 안다.

최근에야 딸들에게 물었다.

"그때, 진짜로 좋았니?"

"응, 엄마!"

딸들은 꿈꾸는 표정으로 추억을 더듬는다. 우리는 어쩌면 그 힘으로, 서로에게 끝없이 상처를 주고받으면서도 또 충분히 위로받는지도 모르겠다. 지금도 변함없는 생각은 더 늦기 전에 떠나길 정말 잘했다는 것, 그리고 지금 이 순간도 새로운 길을 떠나기에 늦지 않은 시간이라는 것이다. 우리가 여행에서 돌아온 뒤로 소록도에는 연륙교가 놓였고, 마라도는 놀이동산처럼 번잡해졌다고 한다. 세상은 빠르게 변하고 있고, 아이들은 영원히 기다려주지 않는다. 그러니 엄마와 함께 길을 떠나준 딸들이 지금도 고마울 수밖에.

더불어 우리의 여행을 격려하고 힘이 되어준 길 위에서 만난 모든 인연들 그리고 그것을 책과 독자의 연으로 이어준 달팽이와 마고북스의 식구들, 또 우리 모녀를 위해 멋진 그림을 그려주신 허영만 선생님과 조현수 양에게도 감사드린다.

　끝으로 나에게 야외 생활의 경전과도 같았던 소로의 이야기를 전하고
싶다.

　우리가 더 많은 낮과 밤들을 우리의 몸과 천체(天體)들 사이에 아무런 장
벽을 두지 않고 보낸다면 얼마나 좋을 것인가! 또한 시인은 지붕 밑에서
그처럼 열변을 토하지 않고, 성자가 지붕 밑에서 그처럼 오랫동안 은거하
지 않는다면 더 좋지 않겠는가! 새들은 굴 속에서는 노래하지 않으며, 비
둘기도 비둘기장 속에서는 순결을 지키지 않는다. -《월든》 중에서

2009년 이른 여름
김선미

차례

얘들아, 엄마랑 전국일주 떠나자

정말
떠나기 힘들다

"누가 보면 내가 나가라고 쫓아내는 줄 알겠다."

남편은 끝내 짜증을 내고 말았다. 우유부단하게 망설이는 나를 보다 못해 끌끌 혀를 차며 터져나온 소리였다.

그랬다. 등 떠민 사람은 아무도 없었다. 적도 부근에서 또 하나의 태풍이 한반도를 향해 북진하고 있었다. 그러나 나는 쳇바퀴 돌듯 반복되는 일상의 스트레스에서 어떻게든 도망치고 싶었다.

"얘들아, 여름방학에 엄마랑 셋이서 전국일주 하자."

"정말? 그럼 아빠는?"

"아빤 출근해야 하니까, 우리 여자들끼리만 가는 거야. 재미있겠지?"

미덥지 않다는 표정으로 둘째가 묻는다.

"그럼, 제주도도 가는 거야?"

"그래, 맨 마지막에 제주도 갈 때는 아빠랑 만나서 같이 가자!"

딸들은 '전국일주'와 '제주도'라는 단어에 솔깃했다. 특히 제주도는 차멀미 때문에 여행 자체를 끔찍하게 싫어하는 둘째에게 좋은 미끼였다. 자기가 엄마 배 속에 있을 때 셋이서만 다녀온 제주도 가족여행에 대해 샘을 내고 있었기 때문이다.

"근데 엄마 회사는?"

"응, 방학 동안만 쉬면 돼."

"정말 그래도 돼?"

안 되는 일은 없다. 다만 결단을 하지 못할 뿐이다. 나는 안 된다고 습관적으로 믿었던 일들을 되게 하기 위해, 우선 딸들에게 먼저 선전포고하듯 여행을 공표했다. 내가 마음이 약해지더라도 결국 딸들 성화에 못 이겨 떠나지 않을 수 없게 만들자는 생각이었다.

"근데 취재하러 가는 거면 안 갈 거야!"

"아니야, 그냥 우리끼리 놀러만 가는 거야."

잡지사에 다니던 나는 잦은 출장에, 마감 때면 심야 귀가가 다반사라 아이들과 함께할 시간이 늘 부족했다. 이를 만회하기 위해 가끔 출장 때 아이들을 데려가곤 했다. 기사 속의 등장인물로 아이들을 이용한 셈이다. 속 모르는 사람들은 일도 하고 공짜 여행도 즐긴다고 부러워한다. 그러나 실상은 일도 여행도 제대로 안 되고 스트레스만 가중되는 경우가 많았다. 아이들도 마음대로 놀기보다는 사진기자의 요구대로 포즈를 취해야 하는 취재여행에 질려 다시는 따라가지 않겠다고 선언한 지 오래였다.

일상에서도 마찬가지였다. 자정 무렵까지 교정지를 들여다보고 있자면 엄마 없이 잠들었을 아이들 생각에 가끔 목이 메기도 했고, 남자들이나 미혼의 여자 후배들에 비해 좀 더 적극적으로 일에 몸을 던지지 못하는 스스로를 바라보는 일은 곤혹스러웠다. 좋은 엄마도 유능한 직업인도 결코 될 수 없겠다는 생각에 직장에서도 집에서도 나는 허둥거리고 있었다.

'전국적으로 비가 계속되겠습니다'

아이들과 여행을 떠나기 위해 휴직계를 제출했다. 안 받아주면 그만두겠다는 각오였다. 그러나 내 요구는 생각보다 쉽게 받아들여졌다. 오히려 '적당히 쉬지 말고 제대로 재충전해서 복귀하라'는 요구가 부담스러웠다.

그래도 떠난다는 생각에 한동안 새로운 힘이 솟는 듯했다. 지루한 장맛비가 이어지고 있었지만, 작열하는 태양 아래 가로수 그늘 속을 달려가는 상상을 하며 미소 짓기도 했다. 그리고 아주 조심스럽게 지인들을 통해 계속 자기최면을 걸었다. 올 여름 나는 떠난다. 실없는 사람이 되지 않으려면 나는 꼭 떠나야 한다.

견디기 힘들던 일들도 '이제 떠날 건데' 생각하면 마음이 너그러워지곤 했다. 마음먹기에 따라 사람이 이렇게 달라지는데 왜 평소에는 그게 쉽지 않을까.

  그러나 정작 떠나야 할 날이 다가오자 슬그머니 겁이 났다. 꼭 가야만 하나? 작심하던 때와는 딴판으로 남편 말처럼 나는 '보수'가 심해졌다. 고질적인 편두통까지 도졌다. 일정과 경비를 따지고 계획이 구체화될수록 통증은 심해졌다. 작심하긴 했지만 주도면밀하게 준비한 것도 아니고 따로 모아둔 돈이 있는 것도 아니었다. 그저 딱 한 달 동안 집에서 쓰는 생활비로 밖에 나가서 살면 되겠지, 라고 막연하게 생각한 게 어찌 보면 내 여행 계획의 전부였다.

  우선 잠자리가 문제였다. 처음엔 야영만으로 전국일주를 하겠다고 큰소리를 쳤는데, 막상 지도를 펼쳐놓고 보니 겁부터 났다. 전국일주라고 해도 진짜로 전국을 다 갈 수 있는 게 아니고 한 도에 두세 곳 정도를 정해 그야말로 '부산 찍고 대구 찍고' 하는 식의 형식적인 여정밖에는 되지 않을 것 같았다. 무슨 군사작전을 하는 것도 아니고 남에게 검사받을 숙제를 하는 것도 아닌데 그런 여행을 하고 싶지는 않았다. 나는 왜 딸들과 이 여행을 떠나려고 했던가? 스스로에게 초발심을 되묻곤 했다.

  가능한 한 안정적인 캠프사이트 중심으로 동선을 짜려고 해도 썩 마음에 드는 그림이 나오지 않았다. 우리나라의 휴양시설이라는 게 강원도와 동해안 해수욕장을 중심으로 오밀조밀 몰려 있기 때문이다.

  여자들끼리만 그것도 아이들을 데리고 야영하기 좋은 곳을 고르려면 안전문제를 먼저 고려하지 않을 수 없었다. 그러다 보니 어디든 텐트만 펼치면 내 집이 되는 유목 생활을 꿈꾸던 것과 달리 자연휴양림이나 해수욕장 등의 캠프사이트를 따라갈 수밖에 없었다. 도로변이나 마을 한가운데에 텐트를 칠 수는 없으니 말이다. 게다가 남편도 없이 딸들만 데리고 야영을 하는 나를 바라볼 시선들이 어떨지 생각하는 것도 미리부터 나를 충분히 피곤하게 했다.

설상가상으로 날씨까지 애를 먹였다. 장마가 끝나는 7월 말경에 길을 나설 요량이었는데 장마전선이 꾸물대며 물러날 생각을 하지 않았다. 게다가 몇 개의 태풍이 곧 북상할 것이라는 일기예보는 결정적으로 나의 어깨를 처지게 했다. 빗속에서 야영을 해본 사람들은 안다. 맑은 날의 뽀송뽀송한 바람과 포근한 잠자리가 얼마나 소중한지. 아무리 좋은 장비를 갖춘 숙달된 산악인이라도 장맛비 속의 야영은 반가운 일이 아닐 것이다. 출발 일주일 전에 확인한 주간 일기예보는 전국에 거의 매일 비가 쏟아지겠다는 우중충한 소식뿐이었다.

"여보, 나 아무래도 야영 못하겠다."

겁먹은 얼굴로 남편에게 하소연했다. 내심 말려주기를 기대했는지도 모르겠다.

"유연하게 하면 되는 거지, 꼭 텐트만 고집할 필요가 뭐 있어."

나의 야심 찬 야영 계획은 일차적으로 경비 절감의 목적이 있기도 했지만, 무엇보다 펜션이나 민박, 여관 모두 지금까지의 경험으로는 미덥지 않았기 때문이다. 휴가철 펜션은 너무 비싸고, 예약도 쉽지 않을 터였다. 상대적으로 저렴한 민박이나 여관은 아이들과 추억을 쌓으며 여행하는 데는 적절치 않을 것이다. 그렇다고 호텔은 엄두도 낼 수 없었다.

남들처럼 집 팔아
세계일주 떠나는 것도 아닌데

그다음은 그야말로 '길치'에 가까운 나의 운전 실력과 독도 능력에 대한 염려였다. 한강 다리도 제대로 건너지 못해 목적지를 코앞에 두고도 올림픽대로와 강변북로를 서너 번씩 왔다 갔다 하거나, 고속도로 상하행을 바꿔서 진입해 애를 먹는 일이 허다했다. 조금 편히 가겠다고 차를 끌고 나왔다가는 오히려 도로에서 헤매다 영락없이 녹초가 되기 일쑤였다. 그런 나를 두고 남편은 몇 년 전에 유행하던 카피에 빗대어 '십 년을 몰아도 한 달 된 것 같은 운전자'라며 놀리곤 했다. 뙤약볕 이글거리는 도로에서 길을 헤매는 나를 보고 딸들이 주리를 틀기라도 하면 어쩔 것인가? 그러고 보니 떠나지 말아야 할 이유가 몇백 가지는 되는 것 같았다.

계획은 조금씩 축소되었다. 우선 일정을 한 달에서 보름으로 축소시켰다. 회사에서는 딱 한 달만이라며 휴직 기간을 못박아버렸고, 적어도 떠나기 전과 돌아와 마무리하는 데 각각 일주일의 시간이 필요할 것 같았다. 결국 내가 온전히 집 밖에서 쓸 수 있는 자유 시간은 보름 남짓이라고 스스로의 판단을 합리화시켰다. 남들처럼 집을 팔아 온 가족이 세계일주를 떠나는 것도 아니고 몇 달씩 배낭여행을 떠나는 것도 아닌데, 고작 보름 남짓한 시간 동안 온전히 즐기면 될 것을 이렇게 망설이면서 편두통까지 앓아야 하는가.

꿈에 그리던
가족 텐트

나는 1992년, 비 오는 지리산 세석평전에서 난생 처음 야영을 했었다. 첫 직장에서 처음 맞는 여름 휴가였다. 남대문 시장 등산장비점에 가서 당시 월급의 10퍼센트에 해당하는 거금을 투자해 텐트와 코펠 등속을 사서 바리바리 짊어지고 지리산으로 향했다. 이태의 《남부군》이 출간된 지 몇 해 지나지 않았던 때라 그랬는지 당시 젊은이들에게는 지리산이 좀 더 각별했던 것 같다. 그때만 해도 산에서는 누구나 야영을 할 수 있었다.

연애 5년차, 우리는 그 시절 유행하던 노래처럼 '오래된 연인'이었다. 등산로가 시작되는 백무동에서 한신 계곡을 따라 걷기 시작했다. 비는 줄기차게 퍼붓고 있었다. 한 해 전 고정희 시인이 뱀사골 계곡에서 급류에 휩쓸려 목숨을 잃은 일을 입에 올렸던 것 같다. 산길에는 인적이 끊겨 있었다. 아름드리나무들 아래로 뻗어 있는 산길은 낮이었으나 밤처럼 어두웠다. 게다가 안전해 보이는 '합법적인' 한신 계곡 길로 가자는 내 의견을 무시하고 남편은 엉성한 가시철망으로 가로막혀 있는, 한신 계곡 옆의 갈래 계곡으로 성큼성큼 걸어 들어갔다. 안식년으로 통제되어 있던 그 길은 희미하게 이어지다 끊어져 초행의 나를 조바심치게 만들었다. '비민주적인 의사결정'에 항의하는 나와 남편은 계속 다투면서 산을 올라야 했다. 남편의 말인즉슨, '나는 이곳을 잘 알기 때문에 초행인 너는 대등한 토론 상대가 될 수 없다. 그러니 내가 안내하고 지도하는 것이 당연하다'는 것이었다.

우여곡절이 있었지만 우리는 물속을 걸어온 사람들처럼 살갗이 쭈글쭈

꿈에 그리던 가족텐트 '안타티카 안타레스'를 여행 떠나기 전날 사 와서, 집 안에다 쳐보았다. 텐트 밖의 집은 덩치만 크지 온전히 내 것이 아니지만, 무게 5킬로그램, 길이 230센티미터, 높이 125센티미터인 이 녀석은 어디든 펼치는 대로 안락한 집이 될 수 있다.

글 불어터진 채 세석산장 앞 야영장에 도착해 빗속에 텐트를 쳤다. 주황색 돔형 텐트와 플라이를 두드리는 빗방울 소리에 밤새 잠을 설치던 여름산. 천왕봉에서 반짝 얼굴을 보여주던 햇살에 눈을 찡그리고 내려오면서 미끄러운 하산길에 다리를 후들거리며 나는 생각했다. 결혼이라는 것도 이렇게 산을 오르내리는 일과 크게 다르지 않을 것이라고.

그때 지리산에서 사용한 텐트는 전문가라면 절대 배낭에 짊어지고 산에 오를 생각은 하지 않을 만큼 무거운 것이었다. 지리산을 오르며 '지도'를 자임하던 그 사내는 결혼한 후에는 내가 아이를 낳고 몸을 추스르기도 전에 '등산학교'에 입학했다. 그러고는 등산학교에서 터득한 장비에 대한 안목을 발휘하기라도 하듯, 덜컥 두랄루민이라는 신소재를 써서 무게를 혁신적으로 줄인 2인용 텐트를 사 와 나를 놀라게 했다. 당시 산악인들에게 인기 있었던 값비싼 '피츠로이' 텐트였다. 피츠로이는 파타고니아 안데스 산맥에 있는 높은 산의 이름이다.

그러나 그 텐트를 활용할 기회는 많지 않았다. 금세 국립공원마다 취사 야영 금지조치가 내려졌기 때문이다. 지정된 야영장 외에는 산에서 엄격하게 야영이 통제되었다. 우리 역시 젖먹이가 둘이나 생긴 마당에 산중 야영은 언감생심 엄두도 낼 수 없는 일이었다. 그래도 둘째 아이가 걸음마를 시작할 무렵부터는 산이 아닌 낮은 곳으로라도 열심히 야영을 다녔다. 좁고 갑갑한 콘크리트 신혼집에만 갇혀 지내기에 우리는 너무 젊었다.

집 장만한 기분이 이럴까

텐트는 유행을 타는 장비가 아니라서 십 년 넘게 부족함을 모르고 잘 사용했다. 문제는 아이들이 자란다는 데 있었다. 한동안은 남편과 내가 아이 하나씩을 품에 안고 침낭 속에 들어가서 자면 2~3인용 텐트로도 부족함이 없었다. 그러나 몇 년 못 가서 남편은 텐트 밖으로 밀려날 수밖에 없었다. 밀려났다기보다 남편 스스로 '비박'(bivouac)이 좋다며 매트리스와 침낭을 가지고 텐트 밖에 잠자리를 마련하곤 했다. 사실 비만 오지 않는다면 텐트 야영보다 비박이 훨씬 쾌적하다. 팔베개를 하고 올려다보면 아득한 밤하늘에 점점이 별이 박혀 있다. 아무것도 아닌 일 같지만 그 순간 어떤 종교적인 분위기에 휩싸이곤 했다. 한평생 천장을 올려다보며 사는 일을 다시 돌아보게 되는 것도 그 순간이다.

그래서 우리 가족은 아파트 평수를 늘리려는 사람들처럼, 큰 텐트를 장만하는 것이 희망사항이었다. 내가 야영을 고집한 데는 여행 경비의 일부로 오랫동안 꿈꿔온 4인용 가족 텐트를 장만해야겠다는 생각도 있었기 때문이었다.

남편과 나의 세 번째 텐트이자, 제대로 된 가족 텐트로는 첫 번째가 될 '안타티카 안타레스'. 국산 텐트 중에서는 제법 명성을 날리고 있는 것이었다. 극지를 뜻하는 그 이름 그대로 히말라야 원정대도 사용하는 텐트다.

2년 넘게 눈독 들여왔던 텐트를 출발 하루 전에야 겨우 사 왔다. 처음으로 집을 장만한 사람들이 이런 기분일까. 잔금을 모두 치르고 열쇠를 받아쥔 순간의 희열 같은 것. 새삼 8년 전 경기도 광주의 시골 마을 산 밑에 작은 나무 집을 지어 이사 와 맞았던 첫날밤의 감회가 떠올랐다. 듣기에 따라 우스울 수도 있지만 나는 '내 땅 내 집'이라는 소유관념에 대해 부조리하다는 생각을 했던 것 같다. 나도 지주가 되었단 말이지. 그런데 땅을 소유한다는 것은 과연 지하 몇 미터까지, 그리고 그 위의 허공 몇 미터까지 배타적인 권리를 갖는다는 말인가. 20평 남짓 소박한 목조 주택에 텃밭이 딸린 땅뙈기를 가지고 지주로서의 부채감 따위를 떠올렸던 것 같다.

그렇지만 새로 산 텐트에 대해서는 오롯한 소유의식에 기꺼웠다. 카드 할부도 아니고 현금으로 샀다는 것이 더 좋았다. 지금 살고 있는 집은 텐트에 비하면 덩치만 컸지 그 알량한 소유의식에 대한 대가로 매달 지불하는 대출금 이자며 그 공간을 채워 넣으려고 쉼 없이 사다 나르는 물건들의 노예가 되는 것 같았다. 살아가는 데는 철로변의 공구박스 정도면 충분하다던 소로의 말을 좀 더 깊이 이해하게 된 느낌이었다.

"저녁은 내가 할 테니까 당신이 텐트를 직접 쳐봐. 제대로 연습하고 떠나야 할 것 아냐."

남편의 말이 갑자기 찬물을 끼얹듯 현실을 자각하게 만들었다. 어둠 속에서 굵은 빗줄기가 떨어지고 있었다. 문득 텐트가 부담스러워지기 시작했다. 아, 진짜 떠나야 하는구나.

결국 거실에서 새로 산 텐트를 뜯어 펼쳐보았는데, 좁은 실내에서 작업을 하려니 답답하기 짝이 없었다. 또 덩치가 크고 처음 설치해보는 제품이라 시간이 더 오래 걸렸다. 손이 떨리고 머릿속 모공이 열리면서 땀이 송송 맺히기 시작했다. 하루 종일 부족한 장비 구입을 하기 위해 장거리 운전에 쇼핑, 짐 꾸리기로 이미 몸은 녹초가 된 상태였다. 공연히 나 자신에게 부아가 치밀었다. 아, 내가 왜 이렇게 힘든 여행을 하려는 거지.

좁은 거실에 가까스로 텐트가 세워졌다.

"엄마, 우리 오늘도 여기서 잘게."

아이들은 신이 나서 이불과 베개를 들고 텐트 안으로 들어가 뒹굴기 시작했다.

"나, 그냥 작은 텐트 가져갈까 봐. 너무 힘들어. 텐트 치다가 진이 다 빠지겠어."

차라리 눈 감고도 칠 수 있을 정도로 손에 익은 작은 텐트가 나아 보였다. 내겐 손에 익지 않은 새 텐트가 덩치만 큰 애물단지로 보였다. 남편은 걱정스러운 눈빛으로 나를 바라보았다.

먼 남쪽 바다 끝에서 우리 집으로 이르는 길

밤이 깊을수록 빗줄기는 더욱 굵어졌다. 기상청 예보는 우리의 첫 목적지인 충청 내륙에 폭우가 쏟아질 것이라 경고하고 있었다.

"사실은 내가 더 마음이 안 놓인다."

무슨 산악잡지 기자가 그 모양이냐고 내내 핀잔을 주던 남편이 잠자리에서야 속내를 드러낸다.

집 앞 도로를 따라 끝까지 가보면 무엇이 나올까. 3번 국도를 따라 남쪽으로 가는 우리 여행의 출발은 이렇게 단순한 궁금증에서 출발했다. 3번 국도의 남쪽 끝에는 쪽빛 바다 넘실대는 남해 미조항이 있다. 우리는 거기서 다시 남쪽 바다를 따라 제주도를 거쳐 마라도까지 길을 이을 것이다.

"걱정 마, 잘할게."

사람이란 참 재미있다. 한없이 나약한 생각에 빠져 있다가도 막상 일이 닥치면 책임감이 생기고 무모한 용기마저 솟구친다.

밤새 빗줄기가 지붕을 두드리는 소리에 서너 번 깼다. 예민한 남편도 마찬가지였다.

우리가 출발하는 날, 마침 남편도 경북 울진으로 3박 4일간 출장을 떠나게 되었다. 남편은 자기 일이 끝나는 토요일에 울진으로 와서, 망양정 해수욕장이나 불영 계곡에서 함께 야영을 하고 동해안에서 주말을 같이 보내자고 했다. 잠시 마음이 흔들렸다. 그러나 나는 모질게 이를 악물었다. 더 이상 약해지는 마음과 타협해서는 안 된다.

"아니, 그냥 3번 국도로 쭉 갈래. 당신 휴가 때 고흥에서 만나."

그랬다. 전국일주를 꿈꾸던 딸들과의 여행은 '3번 국도 끝까지'로 수정되었다. 우리 집은 교통방송 정체구간 안내의 단골손님인 3번 국도 곤지암 근방이다. 출퇴근이나 일상의 대부분이 이 길을 통해 이루어지고 있다. 그런데 과연 이 길의 끝이 어딜까, 한 번도 그것을 궁금하게 여긴 적이 없었다. 그런데 해답을 우연히 찾았다. 금산 취재를 위해 남해를 찾았을 때였다. 미조항 가는 길에서 우연히 '국도 3호선 시점'이라고 쓰인 도로 표지판을 만난 것이다. 순간 머리를 한 대 얻어맞은 기분이었다. 이 먼 남쪽 바다 끝에서부터 뻗은 길이 우리 집까지 이어져 있었구나. 모든 길에는 시작과 끝이 있는 법인데, 우리는 그 한 토막에만 매달려 아옹다옹할 뿐 한 번도 전체를 보려고 한 적이 없었구나 생각하니 서글펐다. 장님이 코끼리 만지는 꼴로 살고 있는 세상살이의 한 단면이 집 앞 도로에도 그대로 있었던 것이다.

아무튼 그때부터 3번 국도 끝에는 한국의 나폴리라 불리는 남해 미조 항을 낀 쪽빛 바다가 있다고 생각하니, 그 길이 그렇게 사랑스러워 보일 수가 없었다. 남들은 모르는 비밀을 간직한 것도 같고, 마음만 먹으면 내 집 앞마당으로 바다가 출렁 밀려들어올 것도 같았다.

그래서 나는 '3번 국도를 따라 남쪽 끝까지 간 다음 남쪽 바다를 따라 고흥에서 배를 타고, 제주도에서 우리나라 최남단 마라도까지' 가기로 마음먹었다.

남편은 동해안을 따라 이어지는 '7번 국도'는 도로 이름을 딴 여행 책 자가 나올 만큼 유명한 곳이지만 '3번 국도' 여행은 너무 뜬금없다고 했 다. '내륙을 관통하는 3번 국도변에 뭐 볼 게 있느냐'는 시큰둥한 반응이 었다. 하지만 나는 생각이 달랐다.

"글쎄, 남들이 안 가는 데니까 숨겨진 뭔가가 있을지도 몰라."

그렇게 우리는 떠났다.

8월 3일, 비 오는 수요일이었다.

아이들 눈높이에서 상식의 틀을 깨는 여행

그저

3번 국도 표지판을 따라서

보슬비 속에 집을 나섰는데 곤지암 네거리에서 3번 국도로 진입하기가 무섭게 장대비가 쏟아졌다. 첫날 여정은 이천, 여주를 거쳐 장호원과 충주를 지나 괴산까지다. 부디 그곳에서 비가 긋기를.

우리는 평소 이천이나 여주를 지나면 3번 국도를 버린다. 서이천이나 여주IC에서 곧바로 고속도로를 타기 때문이다. 반대로 서울로 갈 때도 특별한 이유가 없는 한 곤지암IC에서 곧장 중부고속도로로 진입하지, 광주와 성남을 거치는 지루한 3번 국도는 타지 않았다. 고속도로가 있는데 누가 요즘 같은 고유가 시대에 구불구불 돌아가고 곳곳에서 신호등에 가로막히는 국도를 이용하겠는가.

3번 국도는 문경새재를 넘는 영남대로가 한양으로 가는 첨단의 이동수단이었던 과거부터 일제가 놓은 신작로 시대를 거쳐, 아직까지도 현역으로 활용되는 기간도로이지만, 고속도로에 비하면 효율이 떨어지는 게 사실이다. 그래도 나는 빠르고 경쟁력 있는 것들에만 열광하는 세태에 대한 반항이라도 되는 양 바보처럼 이 길 끝까지 가보련다. 이렇게 생각하니 그 길이 '나에게 다가와 각별한 의미'가 되는 것 같았다.

여주를 지나자 비로소 일상에서 벗어난 느낌이 들었다. 그런데 장호원에서 충주까지는 자동차전용도로로, 새로 뚫린 길을 따라 달려야 했다. 3번 국도도 구불구불한 길을 끊임없이 넓히고 직선으로 이으면서 속도를 끌어올리고 있었다. 천천히 지도에서 옛길을 더듬어 가고 싶었던 바람이 처음부터 짓밟힌 기분이었다. 갓길에 차를 세우고 다시 지도를 들여다보고 싶었지만 앞이 잘 보이지 않을 정도로 빗줄기가 굵어져 차를 세우는 게 위험했다. 충주까지는 쉬지 않고 달릴 수밖에 없었다.

갓길에 심심치 않게 나타나는 복숭아 노점들만이 이곳이 장호원이라고 알려줄 뿐이었다. 장호원을 지나면서 경기도를 벗어났지만 '충주 복숭아'로 이름만 바뀌었을 뿐 복숭아 노점들은 계속 이어져 있었다. 두드러진 특색이 별로 없는 경기도와 충청도의 모호한 경계처럼 달리는 빗길 위의 풍경도 비슷했다.

"조수, 지도 보고 우리가 어디 어디 지나가는지 잘 살펴보도록."

“네, 알겠습니다.”

큰아이가 제법 결연한 표정으로 야무지게 대답한다. 하지만 아이는 지도를 제대로 읽을 줄도 모를 뿐더러 아이가 그걸 보며 고민할 필요는 더더욱 없었다. 다만 길과 지형이 옮겨진 기호로 된 그림책과 조금이라도 친해지라는 의미에서 한 말이었다.

지도는 이번 여행을 위해 새로 장만한 75,000분의 1 전국지도책이다. 우리가 지나갈 3번 국도를 따라 형광펜으로 줄을 그어놓았고, 페이지마다 찾기 쉽게 띠지를 붙여놓았다. 그 길에서 30분 거리를 넘지 않는 곳의 유적지나 볼거리들도 모두 표시해두었다. 떠나기 며칠 전부터 밤마다 지도를 펼쳐놓고 ‘인도어 드라이빙’(indoor driving)을 하느라 머리를 싸맸던 일을 생각하니 피식 웃음이 났다. 질러가는 길을 찾아가는 게 아니기 때문에 중간에 길을 잃을 염려는 거의 없었다. 그저 3번 국도 표지판을 따라 달리기만 하면 그만이었다. 운전대를 잡으면서 이렇게 마음이 편하기는 처음이었다.

‘너희가 엄마 잘 보살펴줘야 한다!’

평소 엄마의 자리였던 조수석을 차지한 큰딸은 그것만으로도 신이 난 모양이다. 마음대로 뒹굴 수 있을 만큼 뒷좌석을 독차지한 둘째 역시 흡족해했다. 두세 살 때부터 달리는 차 안에서도 물구나무서는 것을 좋아해서 우리를 놀라게 했던 별난 녀석이다.

"여행하는 동안 안전벨트 푸는 건 절대 용서 못한다!"

백미러로 뒷좌석의 둘째를 바라보며 단단히 주의를 준다. 평소 안전벨트만 매면 배가 아프다고 엄살을 피우곤 했기 때문이다. 차멀미가 심해서 휴일에 어디 나들이라도 가려면 언제나 둘째에게 사정사정하며 허락을 받아야 했었다. 주말이면 "제발, 집에 좀 있자"고 노래를 부르는 둘째의 컨디션 조절이 사실 이번 여행의 가장 큰 고빗사위였다.

그럼에도 남편은 초등학교 5학년과 3학년인 두 딸과 헤어지면서 이렇게 인사했다.

"너희가 엄마 잘 보살펴줘야 한다!"

내가 젖먹이 딸들을 키우느라 전업주부로 지낼 때도, 남편은 출근하면서 "딸들이랑 싸우지 말고 사이좋게 있어"라고 했었다.

출발한 지 한 시간 반 만에 충주에 들어섰다. 점심때가 다 된 시간이었다. 떠나오기 전 치과에 들르느라 출발이 늦어졌다. 직장 생활을 하는 엄마들에겐 아이들을 병원에 데리고 가는 일이 가장 큰 골칫거리다. 특히 서너 번씩 왕래해야 하는 치과 진료가 가장 힘들다. 방학 특수를 맞은 치과의 예약 날짜를 맞추지 못해 출발하는 날에야 가까스로 진료를 받을 수 있었다. 그런데 둘째 아이 치아에 대대적인 '공사'가 필요하다는 진단이 나왔다.

"저희가 지금 휴가 가는 길인데……. 갔다 와서 치료를 계속해도 늦지 않을까요?"

나는 이 대목에서도 잠시 흔들렸다. 아니, 애 치료가 먼저지 무슨 여행이야. 치료 끝내고, 날씨 좋아지면 가자고 마음속 또 하나의 내가 자꾸만

꼬드기고 있었다. 그러나 하나 둘 타협하고 나면 결국 나라는 인간은 아무것도 할 수 없을 것 같았다.

'당장 이가 아픈 것도 아닌데 뭐. 여기서 흔들리면 안 돼! 가야 돼!'

무슨 전장으로 끌려가는 것도 아닌데, 이렇게까지 다짐을 하는 내가 정말이지 우스웠다. 시작이 반이라는 말을 실감한다. 어떻게든 떠나고 보니 마음이 편했다. 이제부터 계속 가기만 하면 된다.

'기사 아닌데 기사식당 가도 돼?'

충주에 들어서자마자 만나는 첫 번째 휴게소에서 처음으로 차를 세웠다. 차와 우리 모두 휴식이 필요했다. 기사식당 두 곳 가운데 차가 많은 쪽으로 들어갔다.

아침과 저녁은 야영장에서 직접 해 먹고, 점심때는 그날의 목적지로 이동해 특색 있는 지역 먹을거리를 맛보고 장도 본다, 이것이 이번 여행의 중요한 한 부분이다. 그러려면 가는 곳마다 괜찮은 식당을 잘 골라낼 수 있어야 할 텐데, 낯선 여행지에서 식당 고르는 일은 쉽지 않다. 사전 정보가 없는 이상 제비뽑기에서 최소한 '꽝'이라도 피하려면 보수적인 선택을 할 수밖에 없다. 그 중 몇 가지 안전장치는 메뉴가 단순한 집, 같은 메뉴로 원조를 주장하는 여러 집이 난립해 있는 경우는 기다리더라도 사람이 많이 몰리는 집이 안전하다는 것. 적어도 손님이 많다는 것은 식재료가 그날그날 새로 공급된다는 뜻이기 때문이다. 특색 없는 지방일수록 그

탄금대에서 바라본 남한강. 우륵은 저 강물을 바라보며 가야금을 뜯었고, 신립 장군은 왜군을 막지 못해 스스로 강물에 몸을 던졌다.
충주시 칠금동에 탄금대 공원이 있다. 주차장에 차를 세우고 탄금대까지 산책할 수 있는 호젓한 숲길이 좋다. 숲 속에는 아기자기한 조각공원이 꾸며져 있다.

지역 택시 기사들이 많이 찾는 곳이나 법원, 군청 등 관공서 주변을 찾아가면 그럴 듯한 식당을 찾을 수 있다. 믿음직스러운 식당을 못 찾겠으면 자장면처럼 맛이 표준화된 음식으로 적당히 때우는 수밖에 없다.

기사식당 손님 대부분은 남자들이었다.
"엄마, 우린 기사 아닌데 들어가도 돼?"
큰아이가 간판을 보고 몹시 걱정스러운 얼굴로 물었다.
"엄마도 우리 차 기사잖아. 괜찮아!"
당황한 아이들을 보니 맛이야 어떻든 기사식당에 오길 잘했다는 생각이 들었다.

아이들에겐 운전기사가 아니어도 기사식당에서 밥을 먹을 수 있다는 사실 자체가 놀라운 '체험학습'이었다. 경치 좋은 곳, 유명 관광지만 쫓아다닐 게 아니라 가능한 한 아이들 눈높이에서 상식의 틀을 깨는 여행을 해야겠다는 생각이 들었다.

기사식당에서 돼지불고기와 고등어구이 백반을 먹었는데 특별한 감동은 없었다. 그럼에도 아이들이 밥 한 공기를 뚝딱 잘 먹기에 용하다 싶었다. 그런데 알고 보니 남자들 틈바구니에 달랑 여자 셋이 앉아 있는 게 거북스러웠던 모양이다. 내가 숟가락을 놓기 무섭게 빨리 나가자고 조른다. 그럴 요량으로 열심히 밥그릇을 비운 것이었다.

문득 가족 중 누군가 하나를 잃고 남은 사람들끼리만 여행을 떠나게 된다면, 이어지는 길목과 풍경마다 떠난 그 사람이 눈에 밟히겠다 생각하니 가슴이 아려왔다. 어차피 인생이라는 긴 여행은 만남과 헤어짐의 반복이

다. 그러나 내 나이 마흔을 넘어서고 나면 새로운 만남의 설렘보다는 이
별의 쓰라림이 더 많을 것이다. 문득 곁에 있는 모든 사람들을 좀 더 살뜰
하게 대해야겠다고 생각했다.

'언니,
까만 부처님 본 적 없지?'

충주에서 우리가 점찍고 있던 곳은 탄금대다. 충주호와 월악산, 하늘재
를 넘어가기 전 미륵사지와 중원의 상징인 중앙탑 등 충주의 대표적인 관
광지는 몇 해 전에 이미 둘러보았다. 탄금대는 임진왜란 때 신립 장군이
배수진을 치고 왜적을 기다리다 크게 패한 후 목숨을 버린 곳으로 유명하
다. 우리가 출발한 곤지암 나들목 근처 3번 국도변에는 바로 그 신립 장군
의 묘소가 있었다.

다행히 비가 잦아들어 우산 없이 탄금대 공원을 산책할 수 있었다.

신립 장군보다 먼저 탄금대를 유명하게 한 인물은 우륵이다.

"엄마, 우륵은 나쁜 사람이네! 고려가 망했을 때 벼슬도 안 받고 죽은
충신들이 얼마나 많은데 말이야. 이 사람 배신자 아냐?"

가야가 멸망하자 신라 귀족이 되어 악성으로 추앙받은 우륵이 가야금
을 타던 곳이라는 표지판을 들여다보던 큰딸이 대뜸 하는 말이다. 아이의
질문이 놀라웠지만 뭐라 대답하기가 힘들었다.

"글쎄, 그럴 수도 있겠지. 그런데 삼국 시대 전에는 사람들한테 나라라
는 게 그렇게 중요하지 않았을 것 같아."

그럼 지금은 국가라는 틀이 중요할까. 개인적으로 국가와 민족을 강조할수록 경직된 사회라고 생각하지만 아직 그런 것까지 아이에게 이야기할 필요는 없을 것 같았다. 일방적으로 가르치는 것보다 스스로 깨닫는게 더 귀한 공부니까.

나에게 탄금대는 역사적인 의미보다 충주 시민들의 소박한 쉼터로 다가왔다. 그럼에도 관광객들이 제법 눈에 띄었다. 방학숙제를 위한 체험학습차 나온 가족 단위 여행객들이었다. 이런 사람들의 특징은 조용히 풍경을 감상하기보다는 "야, 빨리 찍어! 이거 읽어봐! 적어!" 하는 식으로 표가 나게 마련이다. 대개 보고 느끼는 것보다 입장권과 안내 책자를 챙기는 일에 열심이다. 요즘은 여행도 주입식 수업처럼 변한 것 같다. '체험학습은 엄마 아빠 숙제'라는 말이 나올 정도다. 이렇게라도 해서 파리만 날리던 박물관이나 유적지에 사람들의 발길이 잦아지고, 먹고 마시기만 하던 여행이 아이들과 함께 공부하려는 모습으로 변하게 된 것만도 다행이다. 그렇지만 아무리 엄마 아빠가 머릿속에 넣어주고 싶어도 아이들 스스로 감흥이 일어나지 않으면 자기 것으로 오래 간직하지 않을 것 같다. 나는 그저 아이들과 똑같이 새로운 것을 보고 느끼고, 그 느낌 그대로를 솔직하게 주고받아야겠다고 생각했다. 탄금대에서는 굳이 역사책에 나온 지식을 확인하는 것보다 비에 젖은 숲길을 걷는 일, 운전대에서 벗어나 탄금대 아래 불어난 강물을 물끄러미 바라보는 그 시간이 좋았다.

탄금대에서 나와 충주 시내에서 수안보로 빠져나가기 직전에 지도에는 나오지 않은 보물 하나를 더 만났다. 지도를 보기 위해 갓길에 잠시 차를 세운 참에 예사롭지 않아 보이는 절이 눈에 띄었던 것이다. 널따란 그늘을 드리운 소나무의 범상치 않은 풍모에 이끌려 무작정 안으로 들어가 봤더니 아담한 절집 안에 보물이 있었다. 단호사 철불좌상과 삼층석탑(보물 제512호). 둘째는 시큰둥하게 차 안에 남아 있던 첫째에게 자랑을 한다.

"언니, 까만 부처님 본 적 없지?"

검은 빛의 철불은 충주가 철의 주산지였던 것을 증명하는 유적이었다.

하늘재의 인연과
새재 가는 길

중간 중간 일기예보를 듣기 위해 '131'에 전화를 걸었다. 첫 야영지인 조령산 자연휴양림은 충청북도와 경상북도의 경계인 조령 아래, 백두대간의 서쪽에 있다. 큰 산을 넘어가면 날씨가 달라질 게 틀림없다. 부디 오늘 밤만이라도 큰비가 없기를. 첫날부터 사기가 꺾이면 앞으로가 큰일이다. 때문에 아이들에게 안정적인 잠자리를 만들어주는 게 가장 중요하겠다 싶었다. 줄곧 '아빠가 없어서 걱정된다'는 아이들을 안심시킬 필요가 있었다. 가능한 한 일찍 텐트를 치고 잘 먹고 잘 자는 것이 중요했다. 밤사이 비가 내릴 것이라는 예보가 계속 이어지고 있었지만 다행히 충주부터 괴산까지는 하늘만 잔뜩 흐리고 비는 뿌리지 않았다.

수안보를 지나 괴산으로 가는 길가에서 야생화농원 간판을 보았다. 예전에 월악산에 왔을 때 만난 사람이 근처에서 야생화농원을 한다고 들었는데 혹시나 하는 생각에 차를 세웠다. 꽃을 재배하는 비닐하우스에 들어

충주시 단월동 단호사 경내에 시멘트 벽돌을 차곡차곡 쌓아올린 탑이 값나가는 문화재보다 정
겨워 보였다. 물론 단호사에는 용틀임하는 듯한 기품 있는 소나무와 보물인 철불좌상 그리고
삼층석탑이 있다.

가 보니 그때 만났던 이동기 씨가 맞았다. 근처 월악산 자락에는 백두대간을 넘는 첫 고개였던 하늘재가 있다. 미륵사지에서 하늘재를 넘어가는 옛길을 함께 걸었던 사람이다.

영남대로에 새재가 뚫리기 전까지 하늘재는 백두대간을 넘는 가장 중요한 길이었다. 흔히 새재를 '새도 넘기 힘든 고개'라고 해서 조령(鳥嶺)이라 부르지만, 원래는 하늘재 다음에 '새로 뚫린 고개'라는 의미가 더 컸다고 한다. 오늘 밤 우리의 목적지인 조령산 자연휴양림은 바로 새재 아래 있다. 자고 일어나 아침 일찍 새재 고갯마루까지 걸어볼 생각이었다. 지도를 통해 3번 국도가 새재를 지난다는 사실을 알고 난 후부터 여행에 대한 기대가 좀 더 높아졌었다. 이동기 씨의 안내로 하늘재 옛길을 걸을 때 다음에는 꼭 새재를 걸어오르고 싶다고 생각했었는데, 그 인연이 길에서 다시 이어지게 될 줄은 몰랐다.

아이들과 함께 새재를 걸어볼 생각이라고 하자 이동기 씨는 좋은 여행이 될 거라고 덕담을 해준다. 비 때문에 한껏 위축되어 있었는데 덕분에 자신감이 생겼다.

조령산 자연휴양림은 비를 흠뻑 머금어 숲이 터질 듯 부풀어오른 느낌이었다. 막바지 휴가를 보내려는 사람들로 궂은 날씨에도 텐트가 많았다. 야영에서 가장 중요한 것은 좋은 텐트 자리를 고르는 것이다. 계곡과 가까운 곳에는 이미 빈자리가 없었다. 그러나 자리가 있더라도 물가는 피해야 한다. 비가 내리면 갑자기 물이 불어 사고 위험도 크지만 밤새 물소리 때문에 잠을 설칠 게 분명하기 때문이다.

다행히 바로 앞에 차를 세운 채 텐트를 칠 수 있는, 숲으로 둘러싸인 아늑한 자리가 비어 있었다. 마치 우리를 기다리고 있기라도 한 것처럼.

"엄마, 최고 명당자리다!"

아이들은 과연 무슨 기준으로 그곳을 명당이라고 했을까.

짐을 꺼내고 나무 데크 위에 텐트를 설치하는 사이 옷이 땀으로 흠뻑 젖었다.

"빨리 끝나면 물놀이하게 해줄 거지?"

아이들은 휴양림에 들어서자마자 계곡물을 막아 만들어놓은 야외 물놀이장에 눈독을 들이고 있었다. 네 시 반, 물놀이하기에는 너무 늦은 시간이라는 생각이 들었지만 일단 텐트부터 치고 생각해보자며 얼버무렸다.

접혀 있는 폴을 곧게 펴서 텐트 몸체에 끼우는 일, 조립식 알루미늄 테이블과 의자를 펼쳐 자리를 잡는 일, 텐트 안 짐 정리 등은 딸아이 둘이서 거들었다. 아니 거든다기보다는 함께한다는 표현이 맞다. 분명 나 혼자만으로는 벅찬 일이었다. 심부름이 아니라 스스로 즐기면서 일을 하는 아이들은 신이 났다. 마치 소꿉놀이를 하는 것처럼 흥겨워하는 딸들 곁에서 나는 힐끔힐끔 하늘을 올려다보았다. 밤사이 아무리 큰비가 내리더라도 끄떡없는 자리였지만, 그래도 첫날밤부터 비를 맞고 싶지는 않았다.

방수 플라이를 고정시킬 때 끈이 짧아 애를 먹은 것을 제외하고는 모든 게 순조로웠다. 우리 여행의 첫 번째 집을 세우는 데 한 30여 분 걸렸다. 나는 텐트 주변에 모기향을 피워놓고 딸들과 협상에 들어갔다.

"물놀이하기에는 너무 늦은 것 같아. 씻고 얼른 밥부터 해 먹자. 밤에 또 비 올지도 모르잖아……"

첫날 조령산 자연휴양림 야영 데크에 텐트를 친 모습이다. 고즈넉한 숲 속에 텐트를 치고 저녁
밥을 지으며 아이가 좋아하는 유키 구라모토의 'Romancing Time' 을 틀어주었다. 비가 긋고
난 청신한 숲 속으로 피아노 소리가 울려 퍼진 행복한 식탁이었다.

"그럼, 내일은 꼭 물놀이하는 거지?"

글쎄, 내일 일은 장담할 수 없다. 다만 아이들이 '새우소금구이'와 함께 빨리 저녁을 먹고 싶어해서 협상은 쉽게 끝났다. 프라이팬에 구운 새우와 느타리버섯, 그리고 김치와 김…… 훌륭한 저녁이었다. 특히 밥이 약간 눌어 둘째가 좋아하는 숭늉까지 곁들일 수 있어 흡족했다.

금세 어둠이 밀려왔다. 탁자 위에 촛불을 밝히고, 일기를 쓰는 아이들에게 카스테레오로 유키 구라모토의 음악을 틀어주었다.

"환상적이다."

"너무 분위기 좋다!"

감탄사를 연발하는 아이들을 지켜보는 것으로 충분했다. 나는 텐트에서 보낼 긴 밤을 위해 책을 잔뜩 챙겨 왔는데 하나도 눈에 들어오지 않았다. 뭔가 적어보려고 노트북 전원을 켰다가 '결국 떠났다'라고 한 줄 적고는 그냥 닫아버렸다. 그저 긴 하루가 끝났다는 데 안도했고, 결국 여기까지 왔다는 게 대견하기도 했다.

다행히 밤사이 비는 내리지 않았다.

한바라 이야기

오늘은 여행 첫날이다. 오늘 가장 먼저 탄금대에 갔다. 탄금대는 우륵이 가야금을 타던 곳이다. 그리고 신립 장군이 그곳에서 자살하셨다. 이제 충주에 조령산 자연휴양림에 갔다. 휴가철이라서 사람이 많을 텐데 좋은 오토캠핑장을 찾았다. 언니와 엄마가 재빨리 텐트를 치고 저녁을 먹었다. 밤에는 촛불을 켜서 공부를 했다. 게다가 오토캠핑장이어서 음악도 들을 수 있어서 정말 아늑했다.

교과서엔 나오지 않는 길 위의 보물들

알람시계 없는
숲 속의 아침

여섯 시가 조금 못 돼 저절로 눈이 떠졌다. 휴대전화의 알람도 꺼놓은 상태였다. 피로하기로 따지면 어제 하루의 여정이 출근하는 것만 못했을까. 그럼에도 평소보다 일찍 눈이 떠지는 걸 보니 꽤 긴장한 모양이다.

내 휴대전화 알람 음악의 제목은 '평화'다. 평소 그 그악스러운 '평화'의 소리를 끄고도 한 십오 분쯤 더 이불 속에서 버티다가 겨우 일어나 비몽사몽 아침밥을 준비한다. 남편은 그보다 늦게 '강'이의 성화에 못 이겨 일어난다.

강이는 알람보다 끈질긴 녀석이다. 원래 후배가 서울의 연립주택에서 가둬 키우던 '평강'이라는 개인데, '개를 없애든가 방을 빼라'는 집주인의 성화 때문에 우리 집으로 쫓겨 와 살고 있다. 평강은 '평화로운 강'이라는 뜻이었는데 공교롭게도 큰아이 친구와 이름이 같아 그냥 '강'이라고 부르고 있다. 녀석은 이름에서 '평화'를 떼어버린 뒤 비로소 평화가 시작되었지만 우리의 사정은 달라졌다. 강이가 아침마다 산책을 시켜달라고 끈질기게 주인을 들볶기 때문이다.

그런 강이도, 남편도 없는 숲 속의 아침이 낯설다.

아이들도 억지로 깨우지 않았는데도 일찌감치 침낭 속에서 기어나왔다. 아침밥도 제쳐놓고, 세수도 안 한 딸들을 데리고 산책부터 나섰다. 새재 마루에 있는 조령3관문까지 올라가려면 조금이라도 선선할 때가 좋을 것 같았다.

"엄마, 길 알아?"

야영장을 나와 휴양림 산막들을 지나쳐 본격적인 숲길로 들어서는데, 딸들이 은근히 걱정스러운 기색이다.

"이쪽으로 올라가면 될 거야."

"그러다 길 잃어버리면 어떡해?"

둘째는 엄마가 미덥지 않다는 표정이다.

"엄마, 얼마나 더 가야 해?"

큰딸은 슬슬 짜증이 나기 시작한 모양이다.

'조금만 더, 조금만 더' 하며 달래보지만 아이들은 이미 지쳤다. 30분 정도 예상한 거리인데 좀처럼 숲이 열리지 않으니 나 역시 불안해졌다.

숲으로 들어오면서 이정표도 사라졌다. 그러고 보니 나는 한 번도 남편 없이 아이들만 데리고 산을 오른 적이 없었다.

"엄마, 배고파. 그냥 내려가자!"

큰딸은 이미 골이 난 얼굴이다. 그러나 나는 여기서 포기하면 이번 여행에서 제대로 할 수 있는 게 아무것도 없을 거라는 오기가 생겼다.

"이 길은 조선 시대 선비들이 과거를 보기 위해 넘어다니던 길이래. 꼭대기에 뭐가 있는지 궁금하지 않아?"

호기심을 자극해보지만 큰아이에겐 별 소용이 없다. 반면 둘째는 다람쥐처럼 생기 있게 잘도 걷는다. 길이 끝나는 곳에 과연 무엇이 있을지 정말 궁금한 모양이었다.

이내 숲이 환해지면서 도로가 나타났다. 휴양림 정문에서 조령3관문이 있는 곳까지 시멘트 포장이 되어 있었다. 고개 넘어 문경 쪽에서는 차량 통행을 막고 옛길 자체를 관광상품으로 만들어놓았는데, 우리가 오르는 괴산 쪽은 이렇다 할 치장이 없었다. 일부 구간만 옛 과거길이라는 표지와 함께 산길을 열어놓았을 뿐이다.

"뭐야, 차 타고 와도 되는 거잖아!"

드디어 큰아이의 입이 삐죽 나왔다.

"같이 걸으면 기분 좋잖아."

과연 아이도 동의할까. 그렇게 말해놓고도 자신이 없었다.

차가 갈 수 있는 마지막 지점에 휴게소가 있었다. 우리는 그곳에서 음료수를 하나씩 사 들고 목적지인 조령3관문까지 10여 분을 더 걸었다.

과거 보러 가는 선비의 동상이 우스꽝스러운 모양으로 서 있었다. 괴산에서 문경으로 향하는 길은 서울에서 고향으로 되돌아가는 길이다. 금의환향이 아닌 다음에야 발걸음이 무거운 길일 터. 선물 보따리가 두둑하지 않은 사람에게는 걸음걸음 근심만 쌓였을 것이다. 그래도 돌아가 기댈 곳이 있는 사람은 행복하다. 우리 여행도 결국 '잘 돌아가기 위해' 떠난 길이다.

고갯마루에 세워진 조령3관문을 통과하면 시야가 탁 트이며 새로운 세상이 펼쳐진다. 날씨와 말씨, 솜씨와 삶의 맵시까지 갈라놓는 삶의 장벽이었던 백두대간의 고갯마루에 오른 것이다. 풍경이 사람의 마음을 움직이는 것일까, 마음이 풍경을 향해 문을 여는 것일까. 둘째와 사진을 찍는 동안 골난 얼굴로 성문 문턱에 주저앉아 꼼짝하지 않던 큰딸의 기분이 저절로 풀렸다.

"자, 이제 빨리 가서 밥해 먹자!"

정말 '힘든' 산행이었다. 채 한 시간도 안 되는 짧은 산책길에서 끝없이 자기 안의 다른 생각과 싸워야 했다. '아이들이 힘들어하는데 굳이 끝까지 올라가서 뭐 하나?' 하는 회의와 '여기까지 와서 그냥 지나치면 분명히 후회할 거야' 하는 생각들이 부딪치며 마음을 시달리게 했다.

한 걸음 앞으로 나아가는 것은 지금 내가 발 딛고 선 자리를 부정하는 데서부터 시작된다. 아이들은 그런 나의 속내를 언제쯤 자기 언어로 이해할 수 있을까. 아무튼 아침밥을 먹기 전에 산책을 할 수 있었다는 여유만으로도 일상에서 멀리 떨어져 나온 것을 실감했다.

밥물이 끓고 나서 뜸을 들일 때 껍질을 벗긴 감자와 찐빵을 밥 위에 얹어 함께 쪄냈다. 밥, 계란프라이와 베이컨구이, 찐 감자와 김치…… 숲 속 세 여자의 아침 식탁 위로 나뭇잎을 통과한 여름 햇살이 내리비치고 있었다. 지루한 비구름이 걷힐 모양이다.

옛길과 새길의
전시장에서 보물찾기

휴양림에서 나와 다시 3번 국도에 몸을 싣는다. 충청도의 괴산과 충주에서 경상도의 문경을 잇는 구간은 가히 길의 전시장이라 할 만하다. 백두대간의 포암산(961.7미터)~조령산(1,025미터)~황학산(862미터) 구간은 북쪽 하늘재에서부터 끊임없이 새로운 길이 남하한 구간이다. 하늘재 아래 새재가 뚫리고 그 아래 이화령으로 차가 다니는 신작로가 열리더니, 길은 더 이상 숨을 헐떡이며 고개를 넘지 않았다. 이화령터널을 뚫으면서 길은 곡선의 여유를 버렸다. 직선으로 산을 관통한 새로운 3번 국도는 구불구불 고개를 넘던 길을 금세 옛길로 만들어버렸다. 그러나 그것도 잠시, 중부내륙고속도로가 통과하는 이화터널이 새로 뚫리면서 그 길 역시 옛길이 되었다. 《삼국사기》는 하늘재가 서기 156년에 열렸다고 전한다. 중부내륙고속도로는 2004년 12월 문경 구간이 개통되었다. 그 오랜 시간의 궤적들이 어지럽게 산을 넘고 있었다. 길도 더 빨리 더 많이 실어 날라야만 살아남는 세상이다.

우리는 지도에 나온 '원풍리 마애불'을 찾기 위해 제한속도 80킬로미

조령3관문 성문에서 백두대간 동쪽인 문경을 바라보고 있는 아이들. 조선 시대 영남에서 한양으로 가기 위해 넘어가던 문경새재의 마지막 관문인 셈이다. 아침밥을 먹기도 전에 산행을 한 탓에 배고프다고 짜증을 내던 마로의 기분이 산마루에 펼쳐진 광대한 풍경 앞에서 저절로 풀렸다.

터의 새길에서 60킬로미터의 옛길로 내려왔다. 우리에겐 60킬로미터가 더욱 편안했다.

"저기 부처님 있다!"

한바라가 마애불을 발견하고 소리쳤다. 길 위에는 아무런 이정표가 없어 포기하고 그냥 지나가려던 순간이었다. 운전석에 앉은 나는 앞만 보고 달리는데 뒷좌석의 아이에게는 풍경이 옆으로 스치기 때문에 가능한 일이었다.

'괴산 원풍리 마애불좌상' 이 '보물 제97호' 라는 안내판을 보고 아이들은 흥분했다.

"엄마, 내가 보물 찾았다!"

특히 한바라가 의기양양해했다. 이제껏 절집 지붕 아래 금부처만 보았던 아이에게는 어제의 검은 철불에 이어 바위를 깨고 새긴 돌부처도 길이 준 뜻밖의 선물이었다.

"그래, 우리 이제부터 길가에 숨은 보물찾기하면서 가는 거야."

나는 초등학교 소풍의 단골 게임이던 보물찾기에서 한 번도 보물 쪽지를 찾아본 적이 없다. 흙먼지로 운동화가 뿌옇게 되도록 뛰어다녀도 내게 남는 것은 허탈함뿐이었다. 그래도 나뭇가지나 돌 틈에 보물이 숨겨져 있다는 게 얼마나 어린 가슴을 뛰게 했던지…….

그런데 놀이보다는 학습의 개념이 강해진 요즘 소풍(요새는 아예 현장 학습이라고 부른다)에는 보물찾기 같은 게 없는 모양이다. 기껏해야 '상' 자가 찍힌 공책을 나누어주는 보물이 요즘 아이들의 가슴을 설레게 할 리도 없다. 그렇지만 자연 속에 가까이 다가가 뛰어놀기보다 놀이공원에서

줄을 서고 박물관 같은 곳을 줄지어 둘러보기 바쁜 아이들의 현장학습이
마뜩찮은 것은 사실이다.

어느새
저렇게 커버렸을까

문경새재 박물관은 신선하다. 길이 박물관의 주제가 된 것부터가 그렇
다. 그러나 무엇보다 그 속에 오래 머물고 싶었던 것은 박물관 밖의 폭염
때문이었다. 뜨거운 길 위에 차를 세워놓는 것조차 부담스러운 날씨였다.
아무리 백두대간이 날씨를 가른다고 하지만 산 너머의 장마와 이곳의 뙤
볕더위는 너무 대조적이었다.

원래 아침에 올랐던 조령3관문까지 문경 쪽에서 다시 걸어 올라갈 계
획이었지만 이런 날씨에는 무모한 도전이었다. 결국 새재 가는 길 초입에
있는 KBS 드라마 〈왕건〉 세트장까지만 다녀오기로 했다. 그렇지만 그것
마저 큰딸의 반대에 부딪혔다.

"엄마, 그냥 가자!"

"마로야, 조금만 보고 가자."

큰딸과 이렇게 실랑이를 하는 틈에 둘째는 약을 올리듯 말한다.

"엄마, 나는 보고 싶어. 빨리 들어가보자."

"싫어, 난 그냥 여기 있을래."

세트장 입구 의자에 주저앉아버린 큰딸 마로와 엄마 손을 붙잡고 걸음
을 재촉하는 둘째 한바라. 두 아이는 '높은 산'과 '큰 바다'라는 상반된

뜻의 이름만큼이나 서로 다르다.

굳이 성격 차이가 아니더라도 아이 둘을 키우다 보면 이런 일은 다반사다. 엄마의 관심을 끌기 위해 언니와 동생이 일부러 반대로 행동하는 것 같다고 느낄 때도 많다. 한 아이가 야단을 맞으면 다른 아이는 더 고분고분해지고 아양까지 떨면서 혼이 나는 형제를 궁지로 몰기도 한다. 그때마다 나는 엄청난 인내의 시험대 위에 올라가 있다는 생각이 든다.

"그럼, 넌 여기 있어!"

나는 큰딸에게 버럭 화를 내고는 둘째의 손을 잡고 뙤약볕 속으로 걸어들어갔다. 불과 몇 년 전까지만 해도 이런 경우 울면서 금방 뒤따라 왔을 텐데……. 어느새 저렇게 커버렸을까. 살짝 뒤를 돌아보니 골이 난 아이는 그늘 아래 벤치를 옆에 두고도 고집스럽게 뙤약볕 아래 앉아 있었다. 시위를 하고 있는 것이었다. 오히려 내가 몇 걸음 더 가지 못하고 아이스크림 가게 앞에 섰다. 그러고는 알록달록 조악한 색깔로 '나 불량식품이오' 하고 써 붙인 것 같은 아이스크림을 울며 겨자 먹기로 샀다. 화해를 위한 제스처로는 너무 유치하다는 생각이 들긴 했다.

"안 먹어!"

예상치 못한 반응이었다. 이쪽에서 못 이기는 척 아이스크림을 받아들고 따라와주는 게 맞는데, 아니었다. 몇 번을 더 달래는 동안 내 손등 위로 아이스크림만 녹아서 흘러내렸다.

"좋아, 맘대로 해."

결국 아이가 보는 앞에서 아이스크림을 쓰레기통에 처넣었다. 그리고 손에 묻은 끈적끈적한 아이스크림 유분을 닦아내며 분을 삭였다. 모자를

괴산 원풍리 마애불좌상(보물 제97호)은 고려 시대 마애불로, 불상이 두 개씩 한꺼번에 조각되어 있는 것이 특이하다. 이 불상 앞으로는 중부내륙고속도로가 답답하게 시야를 막으며 가로지르고 있다.
차를 타고 달리다가 한바라가 갑자기 "부처님이다!" 하고 소리친 덕분에 3번 국도 옛길로 차를 돌려서 어렵게 찾아냈다. 진짜 보물찾기는 이런 것이다!

벗으면 검은 머리가 타들어갈 것처럼 뜨겁게 달구는 태양이 정수리에 내리꽂히고 있었다.

나는 크게 심호흡을 하고 둘째 아이만 데리고 세트장 안으로 들어갔다. 기와나 돌담 모두 합판 위에 색칠을 해서 겉만 그럴 듯하게 꾸며놓은, 무늬만 진짜인 드라마 세트장 풍경을 보니 꼭 우리 집 텔레비전 같았다. 큰아이 여섯 살, 작은아이 네 살 때부터 그야말로 '무늬만 텔레비전'이었던 물건이다. 시골로 이사 오면서부터 아예 방송 케이블이나 안테나를 연결하지 않았기 때문에 비디오로 영화를 볼 때를 제외하고는 그저 거실을 차지하는 짐일 뿐이다. 이것도 유용할 때가 있기는 한데 아이들이 거울을 보러 가기 귀찮을 때 브라운관에 제 모습을 비춰 본다는 점이다. 길과 텐트 위에서만 생활하는 이번 여행에서 아이들이 그다지 큰 불편을 모르는 이유 중 하나가 텔레비전에서 자유롭다는 점이다.

잊혀진 왕국
사벌국과 사발면

문경에서의 계획은 오로지 '태양 때문에' 많은 부분이 수정되었다. 빨리 더위를 피하는 게 상책이었다. 불정 자연휴양림을 향해 달리기 시작했다. 일찍 잠자리를 잡고 아이들 소원대로 물놀이를 할 요량이었다. 휴양림은 3번 국도 중간에서 영강의 지류를 따라 물길을 거슬러 올라간다. 더위를 피해 숨어들기 좋을 만큼 깊숙한 곳에 있었다.

그러나 우리는 휴양림 정문 입구에서부터 제지당했다. 사람이 너무 많아서 들어가도 차를 돌릴 수 없다는 것이었다. 나는 이제야 휴가철임을 실감했다. 앞으로 어딜 가나 비슷한 상황일 거라 생각하니 눈앞이 캄캄했다.

"일단 밥 먹고 쉬었다 가자!"

아이스크림으로는 풀지 못한 큰딸과의 신경전은 점심에 라면을 끓여 먹자는 약속으로 일단락되었다. 요리에 별 취미도, 재주도 없는 엄마지만 화학조미료와 인스턴트 식품을 멀리하는 원칙 때문에 아이들은 갖가지 불량식품에 목말라했다. 기대에 부풀어 있던 아이들이 순간 놀라서 되묻는다.

"엄마, 라면 안 먹고 밥 먹어?"

순진하긴! 한동네 사는 아이들 친구 중에 운동회날 점심시간에 울면서 달려온 녀석이 있었다. 자기는 김밥을 먹고 싶은데 선생님이 엄마랑 '밥'을 먹고 오랬다는 거였다. 우리도 정말로 '밥'을 먹자고 했으면 또 한바탕 홍역을 치렀을지도 모른다.

휴양림 입구 주차장 공터 나무 그늘 아래 차를 세우고, 야외용 테이블과 의자를 펼쳤다. 잠깐 라면을 먹더라도 폼 나게 먹자. 그런 면에서 야외용 테이블과 의자는 유용했다. 특히 알루미늄 막대를 발처럼 둘둘 말게 되어 있는 테이블을 조립하는 것은 아이들에게 꽤나 성취감을 주는 일이었다.

오늘은 어디서 자지? 배를 채우고 나니 다시 걱정이 시작됐다.

미련 없이 문경을 뜨기로 했다. 길은 상주로 이어진다. 낙동강 물굽이가 가장 아름답다는 경천대가 다음 목적지다. 정말 하늘이 놀랄 경치가 있을까. 옛사람들이 이름 붙인 풍경들을 바라볼 때마다, 서로의 눈높이가 다르다는 걸 확인하는 일이 더 재미있을 때가 있다. 똑같은 풍경에서 아무런 시간의 간극을 느낄 수 없다면 그것만큼 고리타분한 일도 없을 것이다.

경천대가 있는 상주시 사벌면의 지방도로로 빠져나가자 길도 풍경도 편안해진다. 마을 길로 접어들자 참깨를 말리려고 세워둔 깻단이 줄지어 있었다. 우리는 한여름 더위를 피해 들어가는데 농부의 들판에서는 벌써 가을이 익고 있다.

"엄마, 사발면이래!"

어제 충주에서는 신니면을 보고 '신라면'으로 읽더니 이번엔 사발면까지, 낯선 지명들을 만나면 아이들의 장난기가 발동한다. 당장은 그 본뜻을 모르더라도 또렷하게 각인된 그 이름은 언제고 아이들의 기억 속에서 되살아날 것이라 믿는다.

실제로 사벌면은 라면과는 아무 상관도 없고, 삼국 시대 이전부터 있었던 사벌국(沙伐國)이라는 작은 나라에서 유래한 이름이다. 지도에 나온 대로 경천대로 가는 길에 있는 '사벌왕릉'을 찾았다. 왕릉 곁에는 '상주 화달리 삼층석탑'(보물 제117호)도 있었다. 지도에도 없는 문화재를 만나니 횡재한 기분이었다.

개 한 마리도 얼씬거리지 않는 뜨거운 한낮의 시골길에서 주운 보물은 통일신라 시대 탑이라는데 1층 몸돌 위에 머리 잘린 부처상이 걸터앉아 있는 게 특이했다. 절은 사라지고 탑과 머리 없는 부처만 덩그러니 남은 길 옆으로, 사라진 왕국의 무덤이 솔숲 사이에 고즈넉하게 앉아 있었다.

사벌왕릉은 신라 54대왕 경명왕의 다섯째 왕자 박언창의 묘라고 전해진다. 스스로를 사벌국의 왕이라 칭하고 고을을 다스리다가 견훤의 침공에

끝내 목숨을 잃었다고 한다. 삼한 시대 소국의 하나였을 사벌국은 신라에 복속된 다음에도 자신의 존재를 되찾기 위한 몸부림이 컸던 모양이다.

사벌국의 존재는 학창시절 국사 시험문제에서도 들춰진 기억이 없을 정도로 미약한 것이었다. 그렇지만 삼국 시대 이전에는 이 땅에 78개나 되는 작은 나라들이 있었다니, 사람이 살 만한 땅은 저마다 역사의 중심에 선 하나의 '서울'이었을 것이다. 그렇게 생각하니 시골 길가에 옹색하게 앉아 있는 왕릉이 더욱 쓸쓸해 보였다. 국가의 틀이 커지고 견고해지는 역사라는 게 결국 수많은 중심들이 하나 둘 변방으로 밀려나는 과정이 아니었을까. 전체 인구의 40퍼센트가 서울 주변에 몰려 살고 있는 이 시대, 변방이 된 지역의 풍경은 또 얼마나 쓸쓸한가.

경천대는 사벌왕릉에서 2킬로미터 떨어진 삼덕리에 있었다. 깨끗한 시골 마을 끝에 갑자기 번듯한 유원지 매표소가 나타나서 조금 뜨악했다. 유원지라는 이름에 걸맞게 놀이동산과 수영장까지 갖추고 있었다. 나는 실망스러웠는데, 아이들은 도회적인 풍경이 반가운 모양이었다.

그러나 그곳은 우리의 잠자리가 될 수 없었다. 야영장이라고 찾아간 곳은 계단식으로 꾸며진 잔디밭이었는데 도심 공원 속에 텐트를 치는 기분이었다. 그보다 더한 것은 이동식 노래방 시설까지 준비한 단체 야영객들 틈에 끼어 텐트를 쳐야 한다는 점이었다.

"어때? 오늘 여기서 잘까?"

아이들 눈에도 어제와 비교하면 성에 차지 않는 모양이었다. 결국 전망대에 올라가 빗물로 불어난 붉은 낙동강 물줄기를 내려다보는 것으로 만족하고 서둘러 떠나기로 했다. 주차료가 아까웠지만, 다른 잠자리를 찾으려면 여유 있게 둘러볼 시간이 없었다. 결국 경천대는 하늘이 놀란다는 요란한 이름보다는 오가는 길가에 더 많은 추억을 심게 해주었다.

새옹지마,
　내일은 오늘보다 낫기를

상주에 들어서면서 보았던 성주봉 자연휴양림 간판을 찾아 다시 달렸다. 경천대와 성주봉 자연휴양림은 3번 국도를 사이에 두고 동서로 정반대 방향에 있어 길이 멀다. 또 예정에 없던 곳이다 보니 길을 찾는 데도 애를 먹었다. 해는 뉘엿뉘엿 먼 산봉우리를 넘었고, 예상했던 하루 주행거리를 초과한 차도, 핸들을 잡은 나도 점점 지쳐가고 있었다. 떠나기 전 내비게이션을 달고 가라는 남편의 권유를 용감하게 거절했던 게 후회스러웠다. 마을이 거의 없는 논밭 사이를 가로지르는 시골길에는 이정표도, 길을 물을 사람의 그림자도 드물었다.

상주의 서쪽 끝자락인 은척면 남곡리에 있는 성주봉 자연휴양림에 도착하니 오후 네 시 반이 조금 넘었다. 더 이상 선택의 여지가 없다. 오늘은 무조건 여기서 자야 한다. 소나무숲 사이로 텐트들이 즐비했다. 온종일 목욕탕인 양 북적였을 물가에는 사람들이 모두 빠져나가 별로 없었고, 텐트마다 이른 저녁식사 준비로 부산했다. 상류 쪽으로 가파른 길을 따라 올라갔다. 빈자리가 있으면 무조건 텐트를 쳐야 할 판이었지만 쉽게 눈에 띄지 않았다. 야영장을 아래위로 두 번이나 왔다 갔다 한 뒤에야 겨우 찾은 자리

야영장에선 어둠과 친구가 되어야 한다. 이내가 깔리는 저녁, 사위가 어두워질수록 차츰 차츰 동공이 열리면서 우리 몸 안에 숨어 있던 야성이 살아나는 것을 느낀다. 그런 시간을 충분히 느낀 다음, 불을 밝히는 게 좋다. 어둠에 익숙해지면 바람소리, 새소리 같은 것에도 예민하게 귀가 열린다.

는 차를 세운 곳에서 50여 미터 떨어진 숲 속 비탈이었다. 짐을 나르는 게 문제였다. 차를 세운 곳에서 짐을 들고 서너 번은 왕복해야 할 판이었다.

"엄마, 이건 내가 들게."

마로가 대뜸 무거운 아이스박스를 번쩍 든다. 언니랍시고 제법 힘을 쓸 모양이다. 무거운 것은 엄마가 들겠다고 해도 막무가내다. 반면 한바라는 책이며 스케치북, 일기장이 든 제 소지품 가방을 먼저 챙기는데 그것만으로도 한 보따리다.

사위가 어둠에 잠겨가자 아이들은 따로 시키지 않아도 텐트의 폴을 끼워 맞추고 테이블을 조립하는 등 스스로 할 수 있는 일들을 찾아 부산하게 움직였다. 엄마를 돕기 위해 무척 애쓰고 있다는 게 보였다. 남들은 이미 저녁 설거지를 마친 시각에 우리는 겨우 텐트를 치고 있었다. 어제와 달리 다른 텐트들 틈에 섞여 있다 보니 아이들은 우리를 쳐다보는 주위 사람들을 많이 의식하는 눈치였다. 아빠도 없이 여자 셋이서 고생하는 모습이 자칫 측은해 보이지 않을까 싶어 엄마에게 더 마음을 쓰는 것도 같았다.

야영 데크도 없이 맨바닥에 텐트를 쳐야 하는데, 바닥에 경사가 있어 애를 먹었다. 그보다 더 큰 문제는 사람들의 발자국 때문에 흙이 파여 인위적인 물길이 만들어져 있다는 점이었다. 밤사이 비라도 오면 영락없이 텐트 쪽으로 물이 지나갈 수 있는 자리였다. 결국 돌멩이와 흙을 쌓아 물길을 돌려놓느라 온몸이 땀으로 흥건히 젖었다. 그냥 경천대에 자리를 펼걸 그랬나. 새옹지마라더니, 어쩐지 어제 첫날부터 너무 좋은 자리를 차지했던 게 불안하다 싶더니⋯⋯

간단히 저녁 준비를 마치고 아이들과 잠깐이라도 물에 들어가기로 했다. 귀찮고 피곤했지만 그래도 평소 입버릇처럼, '다음에……' 하는 식으로 약속을 미루고 싶지는 않았다. 하나 둘 텐트에 불이 켜질 시각, 우리는 우습게도 랜턴을 들고 물가로 내려갔다.

"엄마, 나 옷 다 적셔도 돼?"

"물이 너무 차니까 오늘은 그냥 발만 담그고 놀자. 대신 내일 꼭……."

그래도 결국 무언가 하나는 꼭 '다음으로' 미루게 되고 만다.

나는 뼈마디가 시려오는 한기에 소름마저 돋는데, 아이들은 말리지 않으면 물속에 그대로 주저앉을 기세다. 생명의 기운이 왕성한 아이들일수록 열이 많다더니…….

"엄마는 발 시려서 더 못 있겠다."

물놀이로 차갑게 식은 몸을 서로의 체온으로 데우며 잠이 들었다.

하루가 너무 길다.

마로 이야기

오늘은 엄마랑 많이 싸웠다. 사실은 내가 엄마한테 힘들다고 짜증을 많이 낸 것 같다. 조령 3관문을 아침에 걸어가는데 거의 다 와서 배고프고 짜증도 나서 힘들다고 자꾸 신경질을 부렸다. 그런데 조령3관문은 풍경이 정말 멋졌다. 저녁에 잘 곳을 구하러 다니는데 휴양림마다 만원이었다. 성주봉 자연휴양림 비탈에 텐트를 쳤다. 그리고 계곡에서 엄마와 물놀이도 했다. 저녁에 조금 시끄러웠다. 사람들은 쓰레기를 아무 데나 버리고 차에서 음악을 크게 틀어놓고 있었다. 정말 마음에 안 드는 휴양림이었다. 엄마 미안해.

내 안에 부모가 있고 아이들 안에 우리가 있고

아침이면
미련 없이 자리를 걷고

취사장에서 아이들과 아침 설거지를 하고 있는데, 한 중년 부부가 수돗가로 와 난데없이 부부싸움을 벌였다. 싸움이라기보다는 일방적인 여자의 분풀이였는데 아이들 보기가 민망했다. 여자는 입에 담기 힘든 욕을 마구 퍼부어대는데, 남자는 못 들은 척 옆에서 그릇만 씻고 있었다.

모처럼 벼르고 별러 떠나온 가족 여행일 텐데, 어쩌다 남들 앞에서 저런 모습을 보이게 되었을까. 두 사람 모두 서글퍼 보였다. 신혼 때 살았던 작은 연립주택에서는 유독 밤이면 싸우는 부부들이 많았다. 그들의 싸움에는 욕설과 폭력이 난무했고 허술한 창문과 벽을 넘어 이웃집으로 고스란히 중계되기 일쑤였다. 서민들이 사는 그 동네에만 유독 부부싸움이 잦았던 것은 아닐 것이다. 그들의 싸움이 적나라하게 드러나는 주택 구조 탓에 유난스레 보였을 뿐. 여름 휴가철 야영장 역시 민망할 정도로 속속들이 남의 살림을 들여다볼 수밖에 없는 구조였다.

이곳에 오래 머물 요량이었으면 휴양림을 품고 있는 성주봉까지 등산해보고도 싶었지만, 어제 아침 새재에서의 실랑이를 생각해 아이들에게는 이야기도 꺼내지 않았다. 이번 여행에서 산을 오르는 것은 한라산 하나면 충분하다. 대신 어제 들어오는 길에 지나쳤던 동학교당에 들러보고 가기로 했다.

솔숲 사이로 햇살이 깊숙이 퍼질 무렵, 주위 사람들 대부분 한껏 게으름을 피우며 나긋나긋한 시간을 보내고 있을 때 우리는 다시 부지런히 텐트를 걷었다. 어제보다 훨씬 손에 익어 시간도 단축되었다. 아침이면 미련 없이 자리를 걷고 떠나다 보니 정말 유목민이라도 된 기분이다.

동학교당은 성주봉 자연휴양림에서 나오는 길에 있는 은척면 우기리에 있었다. 은척면은 은으로 만든 자가 묻혔다는 전설을 간직한 마을이다. 옛날에 죽은 사람도 살린다는 금자와 은자가 있었는데, 그것 때문에 하도 많은 사람들이 몰려들어서 골치를 앓다가 결국 나라에서 금자는 경주 금척에, 은자는 상주 은척에 묻어두었다는 이야기가 있다. 경상도라는 이름이 경주와 상주의 머리글자를 딴 것인 만큼, 경주와 상주가 귀한 보물을 묻을 만큼 번성한 고을이었음은 틀림없을 것이다.

그 옛날 상주의 영화를 떠올리기엔 너무도 적막한 여름 들판이다. 초록

일색의 들판 한가운데 갈색 바탕에 흰 글씨로 동학교당이라 쓰인 커다란
문화재 표지판을 그냥 지나칠 수 없었다.

'동학은
도대체 누굴 믿는 거야?'

　마을 안으로 들어가 더는 차가 들어갈 수 없는 고샅길까지 다다르니 초
가집 몇 채와 현대식으로 지은 동학유물전시관이 있었다. 그러나 안타깝
게도 내부공사 중이라는 표지와 함께 굳게 문을 걸어잠그고 있었다. 그래
도 초가집에는 아직 사람 사는 흔적이 남아 구석구석 생기가 느껴졌다.
흔히 '아무개 생가터'라는 이름의 관광지들이 하나같이 옛것을 허물고 반
듯하게 규격화된 초가집을 지어놓아 별반 감흥을 주지 못하는 것과는 달
랐다. 집이라는 게 사람이 떠난 뒤부터 급속히 낡고 허물어져가는 걸 보
면 단순한 구조물이 아니라 살아 있는 유기체라는 생각이 든다. 상주 동
학교당은 동학의 남접주 김주희(1860~1944) 선생이 포교하던 곳이라는
데, 별반 아는 게 없으니 그냥 안온한 시골집 마당을 서성거리는 것으로
만족할 뿐이다.

　그런데 느닷없이 큰아이가 이렇게 묻는다.

　"근데 엄마, 동학은 도대체 누굴 믿는 거야?"

　"자신을 믿는 거지!"

　마로의 질문에 한바라가 대신 대답했다.

　"너, 그걸 어떻게 알았어?"

"사람이 하늘님이라고 했으니까 그렇지. 교회는 예수님, 불교는 부처님 믿는 거고."

놀라울 만큼 명쾌한 정의다. 그러자 마로는 대뜸 이렇게 시비를 건다.

"그럼 나한테 기도하면 소원이 이루어지냐?"

"한바라 말이 맞아. 자신을 믿는 사람은 믿는 대로 이루어질 거야. 동학은 믿는 게 아니라 하는 거거든. 믿기만 하면 아무 소용이 없고, 직접 행동해야 한다는 거야."

아이들은 지난해 가을부터 우리 부부가 함께 참여했던 동학공부 모임의 유적지 답사를 같이 갔던 경험이 있다. 1박 2일 내내 어른들 틈에서 주리를 틀며 재미없다고 투덜대더니, 그래도 주워들은 풍월을 읊는 게 삼 년 된 서당개보다 낫다.

토담 아래로 그늘진 황톳길, 종알거리는 아이들 발밑에 감꽃 꼭지와 풋감들이 떨어져 있었다. 동학이 말하는 하늘님이란 바로 저런 게 아닐까. 씨앗이 꽃을 피우고 열매를 맺고 다시 씨앗을 맺고…… 그렇게 생명에서 생명으로 이어지는 우주의 순환 속에 하늘님이 있는 것. 내 안에 부모가 있고 아이들 안에 우리가 있고.

어린 하늘님 둘을 차에 태우고, 엄마 하늘님은 다시 길을 떠날 채비를 했다.

상주 시내를 가로질러 김천까지 내처 달린다. 풀꽃세상이라는 환경단체가 자전거에게 "자동차나 오토바이처럼 공간을 난폭하게 대하지 않고, 풍경의 일부가 되어 세상을 겸손하게 바라보게 만듭니다. (…)인류가 만든 공산품 중에 가장 아름다운 발명품입니다"라며 상을 줄 때, 상주시는 자전거 타는 사람들이 대접받는 도시로 특별상까지 받았다. 시내 도로마다 찻길과 나란히 달리는 자전거 길에는 벌써 코스모스가 하늘거리고 있었다. 이런 흐뭇한 도시를 자동차 매연을 뿜으며 지나간다는 게 미안하고도 아쉬웠다.

"어, 아빠가 좋아하는 꽃이다!"

아빠가 보고 싶은가 보다. 길은 상주에서 김천으로 이어지고 있었다. '일반국도 3호선'이라는 초록색 도로표지판만 드문드문 나타나 우리가 제대로 가고 있다는 것을 확인시켜줄 뿐, 주변은 모든 게 너무도 고요했고 그래서 더욱 낯설었다. 아이들은 낯선 길가에서 연보랏빛 쑥부쟁이를 보자 반가운 모양이었다.

"저거 아니거든!"

"맞거든!"

심심하던 차에 재미있는 다툼거리를 찾은 모양이다. 나 역시 남편과 그 꽃을 두고 이름이 구절초다, 쑥부쟁이다, 하며 실랑이를 벌였던 기억이 있다.

문득 사람을 추억하게 하는 사소한 것들에 대해 생각한다. 아빠를 생각나게 한 쑥부쟁이처럼 이 여름 뜨거운 길 위의 시간들을 문득문득 떠오르게 할 기억의 편린들 역시 아주 사소한 것들이리라는 생각이 든다.

남편은 오늘 밤 출장을 마치고 불 꺼진 집으로 귀가할 것이다. 모처럼 여자들 없이 혼자만의 자유를 만끽하라고 선심 쓰듯 말했는데, 글쎄 어느 쪽이 더 자유로울까.

김천에서는 딱히 잠자리로 정한 곳이 없었다. 그야말로 길에서 '헌팅'을 해야 할 판이었다.

"점심은 어디서 먹을 거야?"

이제 집에서 챙겨온 부식도 저장식품 외에는 거의 바닥이 났다.

평소 일주일에 한 번씩 생활협동조합에서 공급받는 먹을거리로 살림을 꾸리는데, 여행 기간에 필요한 물품은 미리미리 주문해 챙겨 왔다. 무작정 떠난 여행이었지만 그래도 먹을거리만큼은 식단까지 짜서 꼼꼼하게 준비한 편이었다. 맞벌이를 하는 탓에 집안 살림이 뒷전일 때가 많지만 그래도 손수 만든 음식으로 가족들을 먹이는 것이 가장 중요한 '나의 일'이라 여긴다. 그렇다고 요리를 즐기거나 솜씨가 뛰어나다는 소리는 아니다. 다만 우리가 먹기 위해 사는 것은 아니지만 끝없이 밥상의 문제에 대해 고민해야 한다고 믿는다. 그래서 이번 여행에서 무엇을 어떻게 먹을 것인가는 중요한 문제였다. 가능한 한 하루 두 끼는 집에서 먹는 것처럼 야영지에서 밥을 짓는 것으로 계획을 세웠다. 하지만 여름철 오랜 기간 자동차로 이동하면서 부엌을 그대로 옮겨 갈 수도 없는 노릇이고, 그렇게 하려는 것 자체가 어리석은 욕심이다. 일상에서는 맛볼 수 없는, 일탈의 맛이 없는 여행이란 얼마나 심심한가. 나는 이쯤해서 아이들이 불량 식품 먹는 일에도 슬쩍 눈을 감아주려하고 있었다.

"김천에 가서 장 보면서 생각해보자."

"피자……."

"나는 치킨 먹고 싶은데……."

이런 아이들을 데리고 나 좋아하는 산채비빔밥 같은 걸 먹을 수는 없겠지. 그나저나 김천에는 뭐가 있으려나.

생각해보니 여행지에 대한 사전조사가 너무 부족했다는 후회가 든다. 등산에서 인도어 클라이밍(indoor climbing)이 얼마나 중요한지 잘 알면서도 말이다. 배낭을 꾸리기 전 집에서 지도를 펼쳐놓고 산길을 하나하나 더듬어보면서 필요한 장비를 점검하고 산행 계획을 세부적으로 짜야 한다.

물론 이번 여행을 떠나기 전에도 밤마다 지도책을 펼쳐 보았지만, 애초부터 굳이 무얼 보겠다는 게 목적이 아니었다. 집 앞 도로를 따라 끝까지 한번 가보자. 이런 무모한 출발 자체가 어느 곳에서든 예상치 못한 멋진 드라마를 만들지 않을까 기대하면서 말이다.

그리고 드디어 그 첫 번째 드라마의 주인공에게 전화가 걸려왔다.

"지금 어디야?"

지난겨울 거창으로 귀농한 선배였다. 남편에게 우리 여행 이야기를 듣고는 오늘내일 하며 기다리고 있었던 모양이다. 벌교가 고향인 그는 특유의 남도사투리 억양으로 '일단, 무조건, 빨리' 집으로 오라고 했다. 결국 오늘 분의 드라마 촬영은 거창에서 막을 내려야 할 모양이다. 처음에는 가능한 한 아는 사람 신세지지 않고 낯선 곳으로만 돌아다니자고 결심했지만, 사람이 빠진 여행은 소금 빠진 곰국 같은 맛이 아닐까.

"해네 아저씨가 빨리 집으로 오라는데?"

선배의 딸 이름은 서해다. 김마로와 김한바라만큼 만만치 않은 이름이다.

"그럼, 오늘은 야영 안 해?"

아이들은 벌써 한뎃잠을 자는 게 지겨워진 걸까.

"글쎄, 일단 한번 가보자."

피자헛과 이마트의
'도시체험학습'

김천 시내 '피자헛'에서 점심을 먹고 그 옆에 있는 '이마트'에서 부식을 샀다. 보통 사람들의 도심에서의 일상과 하등 다를 바가 없었다. 둘 다 평소 눈길도 주지 않으려고 노력하는 곳이었다.

한 달에 두어 번 지방에 있는 산으로 출장을 가는 나는 처음에는 서울에서 필요한 물건들을 꼼꼼하게 준비해 가는 편이었다. 그러나 이제는 웬만한 군 단위 지역에만 가도 서울과 똑같은 대형 할인매장들이 있어서 굳이 그런 수고를 할 필요가 없다는 것을 안다. 또 그런 편리함 뒤에서 많은 것들이 빠르게 사라지고 있다는 사실 또한 절감하고 있다. 지방의 전통음식점들조차 서울 사람들 입맛에 맞추다 보니 맛도 비슷비슷해졌다. 소주 정도가 지역의 아성을 지키고 있었는데 요즘은 그것마저도 경계가 모호해지고 있다.

팔목에 장바구니를 걸고 어슬렁어슬렁 시장 구석구석을 돌아다니며 물건값을 흥정하던 시절에 비해 바퀴 달린 쇼핑카트와 바코드로 모든 게 해결되는 오늘, 우리는 얼마나 더 행복해진 걸까. 가끔 거대한 할인매장 안에서 쇼핑카트를 밀고 다니는 사람들을 한 걸음 떨어져서 바라보면 물신의 노예가 된 고달픈 나를 보는 것 같아 서글플 때가 있다. 남은 여행 기간 중에 어디든 장이 서는 시골 동네를 들러볼 수 있었으면 좋겠다.

뙤약볕 쏟아지는 들판을 달려오다가 갑자기 에어컨의 냉기가 가득한 실내에서 오랜 시간을 보내자니 한기와 함께 습관적인 편두통이 도졌다. 아이들도 추위를 느껴 내내 긴소매의 겉옷을 챙겨입어야 했다. 선풍기도 거의 쓰지 않는 우리 식구들은 밀폐된 공간에서 에어컨 바람을 쐬면 몸이 민감하게 반응하는 편이다. 우리가 서늘한 실내에서 오들오들 떨며 피자 한 판을 먹고 쇼핑카트에 물건을 싣고 다니는 동안, 그 에너지로 인해 바깥공기는 또 얼마나 더 뜨거워졌을까.

그래도 아이들에겐 달콤한 위로의 시간이었다. 시골에 사는 우리는 가끔 아이들을 데리고 서울에 갈 때마다 '도시 체험학습' 하러 간다고 말하는데, 오늘 점심의 피자와 쇼핑 역시 그런 셈이었다.

다시 기운을 내서 8월의 들판으로 나아간다. 창문을 여니 뜨겁고 건조한 바람이 달려들었지만 그래도 밀폐된 쇼핑센터 에어컨 바람보다 나았다.

이웃 동네에서 온
정겨운 장승

김천과 거창은 경상남북도로 갈린다. 도의 경계는 대부분 높은 산줄기를 중심으로 나뉘기 때문에 길이 지나가는 고갯마루에는 쉼터가 있게 마련이다. 옛날 같으면 주막이 있었을 자리다. 3번 국도에서 충청도와 경상도로 나뉘는 괴산과 문경 사이 고개는 소조령이다. 경상남북도의 경계에는 대방이재라는 입석이 서 있었는데 특이한 장승 때문에 차를 세우지 않을 수 없었다.

나무뿌리를 그대로 살려 독특한 헤어스타일을 만든 것 하며, 헤벌쭉 미소 짓는 표정에도 해학이 넘쳤다. 대부분 험상궂고 엄한 표정의 장승만 보아온 아이들도 손으로 V 자를 그리는 예의 포즈를 취하며 장승과 함께 사진을 찍어달란다.

"어, 이거 목아 박물관에서 만든 거네!"

장승에 박힌 이름표를 보니 집 근처에 있는 여주 목아 박물관 관장의 작품인 듯했다. 목아 박물관은 무형문화재 목조각장인 목아 박찬수 씨의 불교 목공예 작품들을 전시하고 있는 곳인데 아이들과 몇 번 다녀온 경험이 있다. 장승이 단지 집 가까운 곳에서 왔다는 사실만으로도 가까운 이웃사촌이라도 만난 것처럼 반가웠다. 죽은 나무뿌리를 저리도 환하게 웃을 수 있게 하는 목수의 손길이 한없이 부러웠다.

오후 두세 시는 운전하기 가장 힘든 시간이다. 특히 운전대만 잡으면 졸음이 쏟아지는 나에게는 거의 '죽음'의 시간이다. 처음 도로연수를 받을 때, 일산의 자유로에서 난생 처음 시속 100킬로미터를 주파하는데도 졸음이 쏟아져 얼마나 놀랐는지 모른다. 그래서 나는 종종 한적한 갓길에서 비상등을 켜고 단 몇 분이라도 눈을 붙이는 게 습관이 되었다. 남편은 '여자 혼자 겁도 없이 길에서 차를 세워놓고 자면 어떻게 하느냐'고 야단이지만 나는 음주운전보다 졸음운전이 더 무섭다. 가끔은 내가 영화 〈아이다호〉의 리버 피닉스처럼 기면증 환자가 아닐까 하고 엉뚱한 상상을 할 정도다. 나의 졸음벽도 외면하고 싶은 고통 앞에서 그냥 그렇게 무릎이 턱 꺾이면서 스르르 잠이 들어 그 순간을 건너뛰고 싶은 욕망 때문일까.

경상남도와 경상북도를 가르는 경계인 대방이재에 있는 장승이다. 죽은 나무의 뿌리를 거꾸로
세워 환하게 웃는 얼굴로 살아나게 만든 목수의 솜씨에 오래도록 눈길이 머물렀다.

그런데 신기하게도 내리 3일째 운전대를 잡고 있는데 통 졸음이 오지 않는다.

"얘들아, 너무 신기하다. 엄마 하나도 안 졸리네!"

"엄마, 한바라도 멀미 안 하네. 너 혹시 맨날 꾀병 부렸던 거 아냐?"

큰아이의 말을 듣고 보니 정말 둘째 녀석이 기특하게 잘 견디고 있었다. 여태 안전벨트 풀고 싶다는 투정 한 번 안 부리고 있다. 우리 모두 굉장히 긴장하고 있는 모양이다.

"아냐! 엄마가 힘들까 봐 참는 거야. 내가 멀미하면 엄마가 힘들잖아."

아, 한바라야. 눈물 나게 고맙다. 엄마도 여행이 끝날 때까지는 길 위에서 잠이 쏟아져 고꾸라지는 일은 절대 없을 거다.

'엄마, 나 경찰서에 한번 가보고 싶은데'

거창군 주상면 읍내에 접어들어 파출소 앞 갓길에 차를 세우고 다시 지도를 펼쳤다. 우리가 찾아가야 할 해네 집은 덕유산 남서쪽에 있는 거창군 북상면이다. 해네 집, 해가 사는 집……. 이렇게 말하고 보니 정말 멋진 곳이다.

"어, 나무가 공룡 모양이다!"

경찰서 앞마당에 있는 회양목이 공룡과 거북이 모양으로 멋지게 다듬어져 있었다. 저걸 만든 '가위손'의 주인공이 누군지 궁금했다.

"엄마, 나 경찰서에 한번 가보고 싶은데."

경찰서의 멋진 정원수를 본 아이는 그 안이 궁금한 모양이었다.

"그래? 그럼 가보지 뭐!"

"근데 무서워."

"잘못한 것도 없는데 뭐가 무서워? 엄마가 길도 물어보고 구경시켜줄 게."

사실 나 역시 한때 경찰서 간판이나 제복만 봐도 공포와 분노가 교차할 때가 있었다. 화염병과 최루탄이 난무하던 대학시절, 경찰서 유치장으로 애인을 면회 갈 때 느끼던 불타는 적의 같은 것이 이제는 아득한 추억이 되었다. 요즘은 낯선 곳에서 길을 물을 때나 마땅히 화장실 갈 곳이 없을 때 파출소를 즐겨 찾는다. 우선 주차하기 쉽고 또 황송할 정도로 친절하기 때문이다. 심지어는 배낭 여행자들을 위해 숙직실을 내주고 간식을 주는 경찰서도 있다. 경찰과 시민들이 서로를 적대시하지 않게 된 것만도 적이 안도되는 일이다.

'난닝구' 바람으로 한가하게 부채질을 하고 있던 중년의 경찰 한 분이 옷차림이 민망한 듯 벌떡 일어서며 겸연쩍어했다. 은행이나 일반 기업체 같으면 에어컨을 펑펑 틀어대고 있을 텐데 생각하니 정말 '민중의 지팡이' 답다고 느껴졌다. 경찰관과 소방관들이 한가하다 못해 심심한 동네, 분명 살기 좋은 곳임이 틀림없다.

"아이들이 경찰서 안을 한번 보고 싶어해서요. 여기가 무서운 사람들만 있는 곳인 줄 아나 봐요."

내 말을 들은 경찰관의 얼굴이 금세 환하게 펴졌다.

"아저씨 봐. 하나도 안 무서워."

자신은 쓰지 않던 선풍기도 틀어주고 손으로 약도까지 세세히 그려주면서 아이들에게는 컴퓨터도 쓰라고 자리까지 내준다. 결국 잔뜩 주눅 든 채 엄마 손에 끌려오다시피 경찰서로 들어갔던 아이들이 낭랑한 목소리로 "안녕히 계세요!" 인사를 하며 그 문을 나왔다. 똑같은 유리문이지만 들어갈 때와 나올 때, 그 짧은 시간 동안 아이들에게는 편견의 벽 하나가 깨진 셈이다.

감나무 아래 수돗가에서
빨래를 밟으며

"갑자기 마을 형님네 밤나무 밭에 약 치는 거 도와주러 가야 하는데……."

해네 집에 거의 다 도착했을 무렵 걸려온 선배의 전화였다. 집에 문이 열려 있으니 먼저 들어가 쉬고 있으라는 거였다.

대학에서 사진을 전공한 그는 학창시절에는 시위현장을 뛰어다니느라 정작 카메라를 든 모습을 본 일이 거의 없었다. 그런 그가 졸업 후 감옥과 노동현장을 왔다 갔다 하다가 뒤늦게 카메라를 들고 자연과 함께 살아가는 사람들의 사진을 찍으며 전국을 주유했다. 그러더니 결국 이 시대 이 땅에서 가장 진보적인 일은 농부가 되는 것이라며 어린 딸과 아내를 데리고 서울을 떠났다. 그보다 훨씬 먼저 서울을 떠난 우리는 여전히 하루 네 시간 출퇴근으로 길 위에 숱한 에너지를 뿌리면서 서울의 힘에 기대 밥벌이를 하고 있다. 우리는 누구보다 그들 부부의 행보에 격려와 박수를 보

멀리 덕유산이 보이는 북상 초등학교 운동장에서. 이 학교 담장 너머로 흐르는 냇물을 건너면
갈계숲이 있다. 아이들이 줄어 인근 네 학교를 합쳐서 겨우 살아남은 학교라고 했다. 동네 아
이들 웃음소리가 그친 텅 빈 운동장에서 손님들만 그네를 타며 해가 지도록 놀았다.

내며 또 한편으로는 걱정하고 있었다.

"엄마, 해는 어디 갔어?"

"외할머니 댁에 갔는데, 언니들 본다고 내일 일찍 온대."

해네 집은 이 마을 문중 재실 옆에 딸린 집인데, 재래식 화장실에 부엌만 겨우 입식으로 고친 낡은 시골집이다. 서울에서 가져온 살림을 반도 풀지 못한 비좁은 집인데도 그 집 툇마루에 앉아 있으면 그렇게 편안할 수가 없다. 지난겨울, 그러니까 12월 31일 남편과 함께 처음으로 이들의 새로운 보금자리를 찾아와 새해 떡국을 함께 끓여 먹었었다. 그사이 텅 비어 있던 좁은 마당 한쪽에 오이며 토마토, 상추 같은 게 무성하게 자라 있었다. 해네 가족 역시 채소밭의 푸성귀처럼 낯선 땅에서 뿌리를 잘 내리고 있는 것 같았다. 식구도 하나 늘어 있었다. 해를 닮은 어린 강아지 한 마리가 우리를 향해 꼬리를 치고 있었다.

나는 짐을 정리한 후 빨랫감을 가득 안고 감나무 아래 있는 수돗가로 갔다. 세탁기가 있었지만 발아래 들판이 내려다보이고 나무 그늘 아래로 선선한 바람이 불어오는 수돗가 풍경이 너무 좋아 갑자기 손빨래가 하고 싶어졌다. 평소 게으른 내 성격으로는 엄두도 내지 않던 일이었다. 여든이 넘은 시어머니는 가끔 집에 오시면 늘 수돗가에 쪼그려 앉은 채 묵은 때가 찌들어 있던 걸레까지도 눈부시게 빨아놓곤 하셨다. 추운 겨울에도 그건 변함이 없었다. 어머니에게 전기세탁기는 여전히 어설픈 존재인 것 같았다. 나는 손빨래는 힘이 들기도 했지만 그 시간에 좀 더 생산적인 일을 하는 게 합리적이라 생각하고 있었다. 그런 내가 여름 해가 서산으로 넘어갈 때까지 빨래하는 데 푹 빠졌다. 나중에는 아예 대야에 물을 받아서 이불 빨래하듯 맨발로 첨벙첨벙 빨랫감 속에 빠져 놀았다. 수챗구멍으로 물을 쏟아 버릴 때는 여행을 떠나기까지 나를 옥죄고 있던 온갖 근심과 걱정까지 한꺼번에 쏴아 하고 씻겨 내려가는 듯했다.

툇마루에 배를 깔고 엎드린 아이들 역시 모처럼 노트북으로 게임을 하느라 신이 났다. 친구의 빈집이 우리에게 선물한 너무도 평화로운 오후였다.

해거름이 되어서야 집주인이 돌아왔다. 함께 일하던 사람들과의 저녁 자리에서 잠깐 빠져나온 모양이었다. 거무스름하던 얼굴이 그 사이 더 많이 그을어 있었다.

"우리 밭엔 약 한 번 안 쳤는데 남의 집 약 치는 품을 다 파네. 마을에 워낙 일손이 모자라서 안 갈 수가 없거든."

마흔을 갓 넘긴 그는 젊은이가 없는 시골 마을에 넝쿨째 굴러들어온 실한 호박 같은 존재가 되어 있었다. 지금 살고 있는 집도 새집을 지을 때까지 마을에서 거저 내준 곳이다. 올해는 드디어 벼농사도 시작했다는데, 그 바쁜 와중에 사진 작업을 해서 책도 한 권 냈다며 선물로 주었다.

"시골로 오니까 서울에 있을 때보다 일이 더 많이 들어오네. 사진도 잘 되고."

정말로 무엇이든 비워야만 새로운 것이 채워지는 모양이다. 문득 그는 사진 찍는 농부가 되고 싶은 건지, 농사짓는 사진가가 되고 싶은 건지 궁금했지만 묻지는 않았다. 그런 구분이 무의미하게 여겨졌다. 모든 것이 유기적으로 결합되어 있는 자연에서 생태계의 순환에 자연스레 몸을 내맡기면 그런 인위적인 경계들이 스스럼없이 허물어질 수도 있겠다.

경남 거창군 북상면의 갈계숲. 덕유산에서 흘러온 갈천 사이에 섬처럼 토사가 쌓인 곳에 2~3백 년 된 소나무와 느티나무들이 울창한 숲을 이루고 있는데, 여름철에는 마을에서 야영장으로 개방하고 있다. (사진 · 서원)

　그는 안주인도 없는 집의 안방을 내주고는 다시 마을 사람들이 모인 곳으로 돌아갔다. 우리는 원래 해네 집 옆에 있는 갈계숲에 텐트를 칠 계획이었다. 그런데 며칠 전 내린 큰비 때문에 숲이 온통 개펄이 되어 있었다. 우리가 집에서 출발할 때 내리던 비 때문에 여기 덕유산 아래 거창은 물난리가 난 모양이었다. 산 아래 마을을 집어삼키듯 할퀴고 지나간 물길의 흔적이 그대로 남은 갈계숲을 보고 있자니 심난했다. 그러나 숲이 온전했더라도 오늘만큼은 오랜 벗의 집에서 묵지 않을 수 없었다.

해네 집에서
다디단 잠을

　갈계숲은 덕유산에서 흘러내려온 송계의 물줄기가 갈천에 이르러 두 줄기로 갈라지면서 물 한가운데에 자연스레 섬을 만들어놓은 곳이다. 2~3백 살도 더 된 노거수들 사이에 가선정(駕仙亭)이라는 운치 있는 정자도 있는데, 여름에는 마을에서 오토캠핑장을 운영하고 있다.

　해가 다니는 북상 초등학교는 갈계숲을 감싸고 흐르는 시냇물을 사이에 두고 있었다. 전교생이 70여 명 정도라 이 학교도 언제 문을 닫을지 모른다고 한다. 70~80년대만 해도 한 학년에 서너 반씩 오백 명도 더 되는 아이들이 뛰놀던 학교였는데 지금은 인근의 네 학교를 통합해놓은 것이 그 지경이라고 했다. 아이들 웃음소리가 그친 지역의 현실을 보니 과연 우리 사회에 미래가 있을까 싶어져 마음이 무거웠다. 어쨌거나 아이들과 텅 빈 운동장에서 그네를 타며 해가 넘어갈 때까지 신나게 놀았다.

 아이들은 길 위에서 자란다

때마침 거창에서는 국제연극제가 열리고 있었다. 해네 집 가까이에 있는 수승대 주변 관광단지가 그 중심 무대였다. 수승대는 옛날 백제의 사신들을 근심에 차서 떠나보내던 곳이라 하여 수송대(愁送台)라 부르던 것을 퇴계 이황이 수승대(搜勝臺)라 고쳐 부른, 위천천 물가의 너럭바위인데 여름이면 국민관광지라는 간판 값을 할 만큼 주변이 떠들썩하다. 지금은 낮에는 물놀이를 즐기고 밤이면 연극을 관람하는 것까지 새로운 문화로 자리를 잡아가고 있었다. 우리도 연희단 거리패의 〈로미오를 사랑한 줄리엣의 하녀〉라는 연극의 야간 공연을 보려고 밤늦게 수승대를 찾아갔다. 그러나 표가 없어 되돌아올 정도로 성황을 이루고 있었다.

상주에서 김천을 지나 거창까지, 오늘은 예정보다 훨씬 먼 거리를 달려왔다. 이쯤에서 좀 여유 있게 쉬어야겠다. 아이들은 텐트가 아닌 방 안에서 모처럼 달게 잤다. 남의 집이라도 역시 집이 좋은가 보다.

마도 이야기

해네 집에 가는 길에 아주 큰 장승을 봤다. 그런데 그 장승이 여주에 있는 목아박물관에서 가져온 장승이었다. 사진은 찍는 둥 마는 둥, 빨리 해네 집에만 가고 싶었다. 그런데 가다가 길을 잃었다. 그래서 경찰서에 가서 길을 묻기로 했다. 경찰서 한 번도 안 가봐서 무서웠다. 그런데 경찰 아저씨는 친절했다. 길도 친절하게 그려서 알려주고 컴퓨터도 쓰라고 내주었다. 나는 깡패들이 잡혀 와서 구타당하는 그런 경찰서만 생각했는데 경찰서가 한가할 때도 있다는 걸 알았다.

뚝딱뚝딱, 아이들도 텐트 세우는 전문가

엄마의 젖무덤 같은
낡은 집

"집에서 자니까 좋니?"

우리는 텐트에서보다 훨씬 늦게 일어났다.

"응, 엄마…… 나는 이 방이 마음에 들어. 작은 문으로 들어가는 게 재미있어."

부엌 옆에 딸린 해네 방은 방문이 아이들도 고개를 숙이고 들어가야 할 만큼 작았다. 천장도 낮은 데다 좁은 방 안으로 창호지 문살에 햇살이 비쳐들면 더욱 안온한 느낌이었다. 물론 어떤 집이든 텐트 안에서 침낭과 매트리스를 깔고 자며 밤사이 비가 많이 오지 않을까 노심초사하는 것보다야 낫겠지만, 이 낡은 집에는 어린 시절 엄마의 젖무덤에 얼굴을 묻는 것 같은 편안함이 있다. 사실 다른 때 같으면 수세식 화장실 대신 '뒷간'이 있는 이런 집이 좋다고 말할 아이들이 아니다. 텐트에서 겨우 이틀 잤는데 벌써부터 집이 그리운 걸까. 앞으로 갈 길이 먼데 걱정이다.

집주인은 이미 일을 나간 뒤였다. 아침 일찍 논에 물 대러 간다는 이야기를 들었지만 어제 밤이 깊은 시간에 마을 모임에서 돌아오는 걸 보고는 당연히 늦잠을 자겠거니 싶었는데, 뜻밖이었다. 더구나 그 시간에 전기밥솥에 밥까지 해놓고 갔는데도 우리 모녀는 전혀 알아차리지 못하고 곯아떨어져 있었다.

젊은 귀농자들이 시골에 와서도 한동안 도시에서의 생활습관을 버리지 못해 애를 먹는다는 이야기를 많이 들었다. 특히 노인들은 새벽에 밭일을 끝내고 한낮에는 그늘에서 쉬는데, 젊은이들은 도시에서 출근하듯 다들 일 끝내고 쉬는 시간에 어슬렁어슬렁 밭에 나갔다가 뙤약볕 아래서 고생한다는 것이었다. 선배는 그런 시행착오는 일찌감치 극복한 모양이다. 아무렴 씨 뿌린 것을 제때 거두어 먹지도 못해 채소밭을 장다리꽃밭으로 만들어버리는 나의 게으른 텃밭 농사와는 차원이 다르겠지. 갑자기 이른 새벽 논에 물을 대러 나간 농부의 집에서 늦잠을 자고 일어난 내 모습이 초라하게 느껴졌다.

논에서 돌아온 집주인과 아침식사를 하고는 곧장 물가로 갔다. 용암정이라는 정자 아래 너럭바위와 모래사장이 있는 위천천의 상류였다. 위천천은 덕유산 남동쪽 산비탈을 타고 내려온 물줄기가 하나로 모여 황강으로 해서 낙동강으로 가는 물줄기다. 용암정 앞으로 흐르는 물이 수승대로 흘러가니, 우리는 관광객들이 바글바글할 수승대 야외수영장 상류의 한적한 곳에 자리를 잡은 셈이다. 지도에도 표기되어 있지 않은 곳이니 마을 원주민이 아니면 찾아갈 수 없는 명당이었다.

시원한 나무 그늘 아래 넓은 모래사장이 있는 물가에는 아예 마을 사람들이 텐트를 펴놓고 여름 내내 상주하는 것 같은 자리가 여럿 있었다. 우리도 서둘러 모래밭 위에 텐트를 쳤다.

"이거 짐이 대단한데."

"그럼요. 보름 이상 밖에서 살아야 하는데."

우리 모녀가 서너 번은 날라야 할 짐이 남자 하나 있으니 금세 옮겨졌다.

"형, 텐트는 그냥 두세요. 애들이 이제 전문가 다 됐어요."

우선 모래밭 위에 은박 매트리스를 깔고 그 위에 텐트를 가지런히 펼쳐놓은 다음 접혀 있는 폴을 펼쳐서 조립한다. 폴은 가벼운 두랄루민으로 만들어져 있고, 폴과 폴 사이에 고무줄로 연결되어 있는 것을 잡아당겨 구멍에 끼워 맞추기만 하면 되기 때문에 퍼즐 조각 맞추기보다 쉬운 작업이다. 그다음 폴을 텐트에 끼워 돔 형태로 몸체를 세우는 것이 가장 까다로운 작업인데, 여기서는 서로가 호흡을 맞추어야 한다.

"엄마, 내가 여기 잡을게."

마로가 텐트 고리에 폴을 고정시킨 한쪽 귀퉁이를 잡고 있으면 나는 기다란 폴을 활처럼 휘어서 맞은편 고리에 끼워넣는다. 그러면 네모난 보자기 같던 텐트가 반구형 입체로 벌떡 일어난다.

날마다 새로운 곳에 집을 짓는 기분, 캠핑의 매력은 거기 있다. 텐트는 대자연이라는 광활한 정원 속에 작지만 온 가족이 살을 맞대고 누울 수 있는 아늑한 방 한 칸을 만들어준다. 아이들에겐 엄마의 자궁 속처럼 안온한 놀이터이기도 하다. 캠핑은 아이가 어릴수록 좋은 경험이 될 것이다.

"오늘은 더 빨리 세웠네."

기다란 폴 세 개로 돔 형태를 만드는 텐트 조립 시간이 점점 빨라지고 있었다.

마지막으로 플라이를 씌우고 팩으로 텐트를 고정시키면 되는데 바닥이 모래밭이다 보니 망치 없이도 쑥쑥 쉽게 잘 들어간다. 대신 너무 잘 뽑히는 게 흠이었다.

"자, 돌멩이 하나씩 가져다가 이렇게 팩 위에 올려놓는 거야."

텐트가 세워지면 이제 한바라가 바빠진다. 정리정돈과 방 꾸미기를 좋아하는 둘째는 텐트 안으로 짐을 가지고 들어가 바닥에 발포 매트리스를 깔고, 한쪽 구석에 침낭과 옷가지들을 가지런히 정리해둔다.

"짠! 엄마, 어때요? 바라가 깨끗하게 정리했어요. 들어와보세요."

눈가에 저절로 눈웃음이 흐르는 둘째는 항상 이렇게 애교 넘치는 목소리로 이야기한다. 그러면 무뚝뚝한 큰애는 그렇게 아양을 떠는 모습이 고깝다는 듯 "엄마…… 바다가 깨끄티 덩니해떠요!" 하고 흉내를 내며 놀리곤 한다.

"언니, 내가 정리한 거 어지르지 마!"

한바라도 언니에게 말할 때는 금세 무서운 협박조로 언성이 높아진다.

우리는 드디어 물가 모래밭 위에 세 번째로 집을 세웠다. 그런데 물에서 너무 가까운 것이 마음에 걸렸다. 낮에 물놀이를 할 때는 더할 나위 없이 좋지만 밤에는 물소리 때문에 잠을 설칠 것이 분명하기 때문이다. 또 갑자기 비가 쏟아지면 지체 없이 철수해야 하는 자리였다. 나무 그늘이 있기는 해도 직사광선이 내리쬐는 물가 모래밭은 숲 속과 달리 몹시 더웠다. 물놀이를 즐기기 위해서 어차피 다른 하나는 희생해야 한다.

그런데 문제는 우리 텐트가 너무 전문적이라는 데 있었다. 히말라야 원정대가 눈밭과 강풍 속에서도 쓸 수 있도록 제작된 사계절용 텐트이다 보니 사실 여름휴가철 물가에서 쓰기에는 너무 더웠다. 황소바람이 몰아치는 한겨울, 영하 10도의 소백산 야영장에 텐트를 쳤다가 한밤중에 플라이가 맥없이 날아간 적이 있었다. 그때부터 남편과 내가 얼마나 벼르고 별러서 장만한 꿈의 텐트인가. 그럼에도 여름철 개천에서 물놀이를 하며 쓰기에는 꼭 '개 발에 편자' 같았다. 그래도 좋다. 올겨울 눈밭에서 야영하며 기필코 이 텐트의 진가를 확인하리라.

'엄마, 가지 마. 번개 맞으면 어떡해'

"아저씨, 해 오면 오늘 우리 텐트에서 같이 자게 해주세요."

마치 오늘 밤은 우리 집에 놀러오세요, 하는 투다. 아이들은 벼르고 벼르던 물놀이를 행여 너무 일찍 끝내고 오늘 또 길을 떠날까 봐 걱정했던 모양이다.

"걱정 마. 오늘은 해랑 여기서 실컷 놀자. 대신 내일은 일찍 떠날 거야."

아이들은 신이 나서 수영복으로 갈아입고 튜브에 바람을 넣었다. 물 한가운데는 어른 키의 가슴까지 차는데 건너편까지 헤엄쳐 왕복하는 아이들도 꽤 많았다. 원래 물을 무서워하는 나는 반바지만 입고 무릎 깊이 이상은 절대 안 들어간다. 그러니 아이들은 엄마랑 하는 물놀이가 그다지 성에 차지 않는다.

대신 "햇볕은 쨍쨍 / 모래알은 반짝 / 모래알로 떡 해놓고 / 조약돌로 소반 지어 / 언니 누나 모셔다가 / 맛있게도 냠냠" 이런 식의 소꿉놀이는 내가 전문이다.

"엄마가 모래로 케이크 만들어줄게."

젖은 모래로 모양을 만들고 그 위에 마른 모래를 솔솔 뿌리며 모양을 내니 모래 그림이 그려졌다.

"하트 모양으로 만들어줘. 사진 찍어서 아빠한테 보내줄래."

세 여자가 모래 위에 나뭇잎과 조약돌로 장식을 하고 'LOVE'라고 글자도 써넣은 하트 모양 케이크는 휴대전화에 있는 포토메일로 남편에게 보내졌다.

해는 점심때가 지나서 아이들이 기다리다 지쳐 있을 무렵에야 엄마와 함께 나타났다. 서울에 살 때는 아토피 때문에 고생이 많아 부서질 것처럼 약해 보였던 아이가 어느새 야무지고 단단하게 훌쩍 자라 있었다.

이제야 두 가족이 본격적으로 물놀이에 흥이 올랐는데 난데없이 빗방울이 후두두 듣기 시작했다. 파란 하늘에 여우비가 살짝 내린다 싶었는데, 금세 적란운이 어둑어둑 주위를 덮어왔다.

"소나기 같은데……."

지나가는 비라면 플라이를 쳐놓아서 크게 문제될 것은 없었다. 나는 테이블과 의자를 걷고 텐트 안으로 짐들을 하나 둘 챙겨넣었다. 빗방울이 굵어지자 물가의 사람들은 두 부류로 나뉘었다. 이미 오랫동안 물놀이를 즐긴 사람들은 서둘러 텐트를 철수했고, 비가 지나가기를 기다리는 사람들은 텐트 주위를 단속했다. 그런데 눈 깜짝할 사이 사위가 시커멓게 어두워지고 장대비와 함께 번개가 치기 시작했다.

"엄마, 무서워."

"안 되겠다. 우리도 위로 올라가자."

언덕 위에서 물을 굽어보고 있는 용암정 위로 이미 많은 사람들이 올라가 있었다. 우리도 서둘러 정자 누마루 위로 올라갔다. 일단 텐트는 두고 용암정에서 비가 지나가기를 기다릴 요량이었다. 언덕 위로 올라가서 내려다보니 빈 텐트와 우리가 만든 모래 케이크만 덩그러니 비를 맞고 있었는데, 무서운 속도로 물이 불고 있었다. 위천천은 덕유산이라는 거대한 산의 골짜기에서 쏟아져 내려온 물이 하나로 모이는 물길이니 그 위력이 엄청났다. 어제 갈계숲을 휩쓸고 지나간 물길의 흔적을 보았던 터라 언제 저 물이 텐트를 집어삼킬지 모르겠다는 걱정이 들었다.

선배는 빗방울이 듣기 시작할 때 집에 널어놓은 이불과 고추를 걷으러 갔고, 우리들 여자 다섯은 오들오들 떨면서 불어나는 물줄기를 지켜보고 있었다.

"안 되겠다. 우리도 텐트 걷어야겠다. 너희들 아줌마랑 여기 있어."

"엄마, 가지 마. 번개 맞으면 어떡해."

"그래요. 해 아빠 금방 오니까 그때 걷어요."

모두가 나를 말렸다. 하지만 이미 확성기를 통해 물가에 대피명령이 떨

위. 덕유산 남동쪽에서 내려온 위천천의 상류에 있는 용암정에 걸린 현판. 용암정은 용암 임석 형이란 사람이 세운 것으로, 200년이 지난 지금까지도 반듯하게 그 모습을 지키고 있었다.
아래. 딸들과 함께 모래놀이를 하며 만든 케이크. 갑자기 불어난 계곡물에 흔적도 없이 사라져 버렸다.

어졌고, 거의 모든 텐트가 철수하고 있었다. 어차피 내가 해야 할 몫의 일이었다.

"걱정 마. 엄마가 혼자 할 수 있으니까."

아이들은 금세 입술이 파랗게 변했고 오들오들 몸을 떨고 있었다. 급한 대로 옷가지와 수건을 먼저 가져다가 몸을 덮게 해주고 나는 텐트가 있는 물가로 내려갔다. 우선 시계부터 풀고 휴대전화와 지갑이 든 손가방은 큰 아이에게 맡기고, 모자가 벗겨지지 않도록 조임 끈을 단단히 한 뒤에 빗속으로 뛰어갔다.

긴장해서
다친 것도 몰랐네

나는 지금도 어린아이처럼 천둥과 번개를 무서워한다. 집 안에서는 번개가 치면 플러그를 뽑는 것에 그치지 않고 유선전화기도 쓰지 않는다. 언젠가 전화선을 타고 들어온 번개에 감전되었다는 뉴스를 들었기 때문이다. 부득이하게 빗속을 걸어가야 할 때는 시계나 열쇠고리까지 몸에서 멀리 떼어놓고 번개 칠 때는 벌판 한가운데 있는 큰 나무 아래 있으면 위험하다는 지침도 머릿속에 새겨둘 정도다. 꼭 전생에 벼락 맞아 죽은 것처럼 호들갑을 떠는 내가 폭우를 뚫고 물가로 내려가 텐트를 철수해야 한다.

우선 텐트 안에 있는 짐부터 정자 아래로 옮겼다. 비에 젖은 돌계단도 미끄러웠지만 샌들을 신은 채 젖은 모래밭을 걷는 것도 힘들었다. 빗속에서 짐을 옮기는 사람 중 여자는 나 혼자뿐이었다. 비를 쫄딱 맞고 짐을 나르는 모습을 보다 못한 해 엄마가 따라나왔지만 천둥과 번개 때문에 아이들이 겁을 먹고 있어서 그냥 정자 위로 돌려보냈다. 이제 물가에 남은 건 우리 텐트 하나뿐이었다. 모래 케이크도 이미 형체를 알아볼 수 없게 뭉개졌다. 바닥에 박아놓은 팩을 뽑고 플라이를 걷어낼 무렵 집에 갔던 선배가 황급히 달려왔다. 덕분에 뒷마무리는 수월하게 끝났다.

"다 끝났다, 애들아!"

나는 비에 젖은 몸에 땀까지 범벅이 되어 애들 앞에 나타나서는, 사지에서 살아 돌아온 것처럼 의기양양하게 씨익 웃어주었다.

"근데 머리가 너무 아프다. 마로야, 여기 좀 봐줄래?"

"어, 엄마 머리에 피난다. 어떡해."

정자 마루 밑에 짐을 옮겨놓고 서둘러 뛰어나가다가 그만 천장에 머리를 부딪쳤는데 못 같은 게 있었던 모양이다. 어찌나 긴장하고 있었던지 빗속을 뛰어다니는 동안에는 아픈 줄도 모르고 있었는데 정신을 차리고 보니 머리가 띵할 정도로 얼얼했다.

텐트 철수를 마친 선배는 물꼬부터 터야겠다며 황급히 차를 몰고 다시 논으로 달려갔다. 이른 새벽부터 물을 대 놓은 논에 이제는 물이 불어날까 봐 허겁지겁 달려가야 했던 것이다. 우리야 젖은 텐트를 말리기만 하면 되지만 선배는 한 해 농사를 망칠 수도 있는 상황이었다. 하지만 우리가 도울 수 있는 일은 아무것도 없었다.

정자 위에는 아예 장기전에 돌입할 태세로 불판을 꺼내 고기를 굽는 사람들도 있었다. 용암정이 국보급 문화재였다면 상상도 못할 일일 텐데 싶

장마전선을 빠져나가니 다시 태풍이 기다리고 있었다. 멀고 먼 남쪽 바다에서부터 상륙한 비
구름이 북상하는 길 위에서 우리는 이 땅의 남쪽 끝을 보겠다고 남하했다. 바람과 구름에게도
길이 있다. 에너지는 언제나 높은 곳에서 낮은 곳으로, 넘치는 곳에서 모자라는 곳으로 일정하
게 나아간다.
그럼 우리가 가는 길은 어떤가.

었다. 그래도 비에 젖은 사람들에게 군소리 없이 자리를 내주는 것 역시 이 정자를 세운 사람의 덕이 아닐까 싶었다. 문화재자료 제253호라는 용암정은 용암(龍巖) 임석형(林碩馨, 1751~1816)이 지은 200년 넘은 정자인데, 가운데에 방 한 칸이 있고 그 둘레에 난간을 두른 마루가 있다. 처마 아래에는 용암정 말고도 반선헌(伴仙軒), 청원문(聽猿門), 환학란(喚鶴欄)이라는 액자가 세 개나 더 걸려 있다. 그 깊은 뜻까지는 몰라도 이곳이 글로 힘깨나 썼을 문사들의 놀이터였음을 짐작할 수는 있었다. 가운데 있는 방은 마루 아래서 불을 땔 수 있는 구조였다. 군불 때고 저 안에서 솜이불 덮고 있으면 얼마나 좋을까 생각하는데 아이들이 보채기 시작했다.

"엄마, 배고파."

비에 젖은 몸이 식으면서 한기가 들었는데 비바람마저 점점 더 거세졌다. 뭔가 따뜻한 걸로 요기라도 하지 않으면 아이들의 체온이 더 떨어질 것 같았다. 산에서는 여름 장마철에도 저체온증으로 생명을 잃는 사고가 빈번히 일어난다.

"엄마, 근데 아빠는 괜찮을까?"

이제는 해가 빗줄기를 뚫고 논으로 나간 아빠를 걱정하기 시작한다. 생각보다 시간이 오래 걸리자 그의 아내도 은근히 걱정스러운 얼굴이었지만 나처럼 호들갑스럽지는 않다. 그이는 나보다 나이가 어린데도 훨씬 씩씩하고 강단 있어 보이는 경상도 여자다.

우리는 불안과 추위에 떠는 아이들을 데리고 용암정 옆에 있는 민가로 갔다. 음식을 팔지 않아서 주인의 양해를 얻어 처마 아래에서 라면을 끓여 먹었다. 용암정을 관리하며 앞마당을 주차장으로 개방하고 있는 집이었는데, 문화재를 별채나 다름없이 쓰고 있는 듯했다. 그나마 용암정은 이렇게 사람들이 체온을 나눈 건물이어서 지금까지 반듯하게 살아남은 게 아닐까 싶었다.

어느새 텐트가 있던 자리까지 물이 불었고, 이제는 맑은 개천이 아니라 무섭게 용틀임하는 시뻘건 강물이 되어 있었다. 굶주린 짐승이 사람의 마을을 집어삼킬 듯 달려드는 사나운 기세였다. 결국 우리는 저녁때가 다 되어서야 겨우 해네 집으로 가서 하룻밤 더 신세를 져야 했다.

해네 집 앞 엄청나게 큰 강에서 물놀이를 했다. 정말 재미있었다. 그리고 기다리고 기다리던 해가 왔다. 해랑 한 시간쯤 노는데 비가 갑자기 쏟아졌다. 그 많은 사람들이 다 어떤 정자로 피신했다. 엄마는 텐트를 걷으러 가고 아저씨는 논둑을 막으러 가셨다. 엄마는 용감하게 비속에서 텐트를 걷어냈다. 정말 무서웠다. 벼락도 맞을 것 같았고 엄마도 걱정됐다. 그 외중에 그곳에서 삼겹살 구워먹고 치킨 시켜먹는 사람들이 있었다.
나는 지원이한테 전화를 했다. 아직 하와이에 안 갔다고 했다. 지금 우리 동네는 쪄 죽을 만큼 덥다고 했다. 같은 나라 안에서 기후가 이렇게 다르다니 놀랐다. 해랑 조금밖에 못 놀고 떠나야했다. 나중에 해네 집에 또 가고 싶다.

엄마도 목화꽃은 처음 봐

보급품을 싸들고
다시 길을 나서다

아침 햇살에 비에 젖은 텐트만 겨우 말려서 서둘러 해네 집을 떠났다. 안주인이 올해 첫 수확한 감자라며 실한 놈들만 골라 아직 덜 여문 옥수수까지 함께 싸주면서 우리의 남은 여행을 응원한다. 독립운동을 하러 떠나는 길도 아닌데, 보급품까지 잔뜩 얻어가려니 고맙고도 많이 미안했다.

그는 서울생활을 훌훌 털어내고는 아무런 연고도 없는 이곳 거창에 내려와 시골 아이들의 방과후 공부방 교사로 일하면서 살림을 꾸려나가고 있었는데, 월 백만 원도 안 되는 공부방 교사 월급만으로도 서울에서보다 훨씬 편안하고 여유 있는 생활을 한다고 해서 나를 부끄럽게 했다.

부산이 고향인 그와 벌교 태생으로 광주에서 학교를 다닌 선배는 자신들은 결혼으로 이 나라의 고질병인 지역감정 해소를 위한 역사적 소명을 다한 것이라고 너스레를 떨기도 했었는데, 지금은 우리 사회에서 가장 힘든 싸움을 온 가족이 함께 하고 있었다. 농사 포기를 종용하는 정부와 사회적 분위기 아래서 땅을 지키며 농업을 살리려는 일이야말로 우리 시대의 가장 외롭고 고달픈 싸움이 아닐까. 그러나 그의 싸움은 무슨 이데올로기를 내건 운동이 아니라 스스로 기꺼이 행복하게 아이를 키우며 살아내기 위한 것이었다. 거창에서 새로운 희망의 씨앗을 뿌리고 있는 해네 식구들이 그동안 우리가 거쳐온 어떤 풍경보다도 더 아름다웠다.

"자, 며칠 편하게 쉬었으니 다시 힘을 내야지!"

덕유산 그늘을 벗어나 거창을 빠져나오면 길은 함양을 지나 지리산 그늘이 길게 드리워지는 산청으로 향한다. 큰비가 휩쓸고 지나간 뒤여서 첩첩이 이어지는 푸른 산골짜기마다 물안개가 몽글몽글 피어오르고 있었다. 이런 날 지리산에 오르면 발아래 운해가 깔리는 웅장한 모습을 볼 수 있을 텐데.

사실 이번 여행이 아니었다면 여름휴가는 온 가족이 지리산 종주에 재도전했을 것이다. 지난여름 중산리에서 지리산을 오르다가 마로가 벌에 쏘여 온몸이 퉁퉁 부어오르는 바람에 중도 하차했기 때문이다.

3번 국도는 함양에서 산청을 통과할 때까지 경호강 물줄기를 따라간다. 경호강은 진주에서 남강에 몸을 섞어 낙동강으로 가는 '거울 같은 강물'이다. 경호강 맑은 물에도 슈베르트의 송어가 뛰노는지는 모르겠지만 여름이면 래프팅 때문에 사람들이 거울 같은 강물을 휘젓고 노는 것만은 분명하다. 큰비로 물까지 불었으니 래프팅을 즐기는 사람들에게는 물살이 더욱 짜릿할 것이다.

"얘들아, 전에 간디학교 선생님 집에 갔을 때 낚시 좋아하던 오빠 생각나?"

"아, 〈낚시왕 강바다〉 좋아하던 오빠!"

"그래, 이 강이 바로 그 오빠가 낚시한다는 경호강이야."

나는 경호강 하면 산청에서 대안학교 국어선생님으로 일하는 남호섭 시인의 아들이 떠오른다. 그 집 역시 해네처럼 서울을 버리고 산청으로 내려간, 말하자면 또 다른 형식의 귀농가족이다. 몇 해 전 그 집에 놀러갔을 때 시골에 내려온 뒤로 낚시에 빠진 선배의 아들 이야기가 화제가 되었다. 당시 우리 아이들도 〈낚시왕 강바다〉라는 만화영화에 푹 빠져 있을 때였다. 초등학교 4학년짜리가 학교 파하고 돌아오기 무섭게 낚싯대를 챙겨서 집 앞 경호강으로 달려가 쏘가리를 낚는다고 했다. 아이는 단순히 놀이를 넘어서서 물고기의 생태와 낚시에 대해 전문가 수준의 해박한 지식과 경험을 갖고 있었다. 우리 아이들은 집 안에서 기다란 막대기 끝에 실을 매달아 방바닥에 늘어놓은 장난감들을 낚으며 놀고 있을 때였다. 도시에 살았으면 학교와 학원과 집 사이를 시계추처럼 왔다 갔다 했을지도 모를 아이가 시골로 이사 온 뒤 경호강이라는 거대한 놀이터를 갖게 된 것이다. 아이의 영혼은 집 앞 강둑에만 머물지 않고 강물을 따라 멀고 먼 대양으로 뻗어나가리라는 것을 총기 어린 눈망울에서 생생하게 읽을 수 있었다. 그래서 경호강을 생각하면 웅장한 지리산 산그늘을 머리에 이고 맑은 물살 위로 낚싯대를 던지던 어린 소년과 아이에게 과외공부 대신 광대한 대자연의 놀이터를 갖게 해준 선배 부부가 먼저 떠올랐다.

이 땅에 산이 푸르지 않은 동네가 얼마나 있을까. 그럼에도 굳이 산이 푸르다고 이름 붙인 속뜻은 역설적이게도 산으로 둘러막혀 살림살이가 곤궁했다는 뜻일지도 모른다. 산이 푸른 것 말고는 내세울 게 없는 곳. 지리산(1,915미터)과 황매산(1,108미터) 웅장한 산줄기 사이에 끼어 있는 산청 땅은 풍요와 권력의 상징이었던 들판이라곤 눈을 씻고 보아도 찾아보기 힘든 두메산골이었다. 첩첩이 막아선 푸른 산이야말로 울타리이면서 또 무서운 장벽이었을지도 모른다.

누구나 죽어서는 산으로 갔지만, 살아서 산으로 들어간 사람들은 들판에서의 삶이 뿌리 뽑힌 사람들과 들판의 권력에 등을 돌린 이들뿐이었다. 그래서 산은 은둔과 저항의 상징이기도 했다. 그런 산이 서럽게 푸른 동네 산청에는 산 그림자뿐 아니라 정신이 높은 사람의 그늘 또한 넓고 깊게 드리워져 있었다. 산청 땅에서는 삼우당 문익점과 남명 조식 선생의 자취를 찾아보기로 했다.

산의 그늘 속에 피어
근심을 펴게 한 꽃

유년의 기억 속에 목화밭이 있다. 다섯 살이 채 안 되었을 때다. 삼 남

산청군 단성면 사월리. 문익점이 붓두껍 속에 목화씨를 숨겨 들여와 처음으로 재배에 성공했다는 목면시배유지 뜰에 핀 목화꽃. 이 꽃이 진 자리에 다래가 맺히고 그 안에 솜털이 뭉쳐진 씨가 자란다.

매의 맏이였던 나는 엄마가 들일을 나가면 두 살 아래 남동생과 갓난아기인 막내를 보며 집을 지켜야 했다. 그러다 젖먹이 동생이 울음을 그치지 않으면 포대기에 둘러업고 엄마를 찾아 들로 나갔다. 혼자서는 동생을 업을 수 없어서 남동생과 힘을 합쳐 막내를 방 한구석으로 밀어붙인 다음 벽의 힘을 빌려 등에 업었던 것 같다. 그렇게 아기를 업고 달려간 곳은 뜨거운 태양 아래 목화밭이었다. 수건을 머리에 두른 엄마가 밭일을 쉬며 막내에게 땀에 전 젖을 물릴 때, 나는 말랑말랑한 목화솜을 만지작거리며 놀았던 기억이 어슴푸레 난다. 군데군데 필름이 끊긴 환영처럼 남은 그 기억 속에서 또렷한 것이라곤 목화솜을 입에 물었을 때 씨가 있는 부분에서 시큼한 단물이 나왔다는 것뿐이다.

70년대에는 〈목화밭〉이라는 유행가가 어린 내 귓전에 흘러다녔을 만큼 목화밭이 많았다. 하지만 그 많은 목화밭의 자취를 우리 땅에서 찾아보기 어렵게 된 지 오래다. 다만 목화가 처음 뿌리를 내린 이곳 산청 땅에 목면 시배유지(사적 제108호)라는 이름으로 명맥만 남아 있다.

산청 읍내에서 점심을 먹고 먼저 문익점 선생의 묘소가 있는 신안면 신안리의 도천서원을 찾았다. 문익점의 호가 삼우당이라는 것을 그곳에 가서야 알았다. 삼우(三憂)는 나라의 어려움과 성리학이 널리 퍼지지 못함 그리고 자신의 도가 부족하다는 것을 걱정한다는 뜻으로 직접 지은 것이라 한다. 스스로 이름에 근심 우(憂)자를 세 개나 적어놓았으니 그의 인생도 산음(山蔭)이라고 불리던 산청의 그늘만큼이나 흐리고 어두운 구석이 많지 않았을까.

그런 그가 원나라에 사신으로 갔다가 돌아오는 길에 붓두껍 속에 숨겨

온 목화씨는 오히려 백성들의 큰 근심을 덜어주었다. 당시 목화는 최첨단 소재였는데 문익점이 가져온 목화씨를 처음 심어 재배에 성공한 곳이 산청이라고 한다. 이중환이 《택리지》에서 "산음은 흐리고 어두워서 살 곳이 못 된다"라고까지 폄하했던 동네에서 온 나라 백성의 옷을 입혀준 고마운 꽃이 활짝 피어난 것이다. 역시 땅을 기름지게 하는 거름은 그늘진 곳에서 발효되듯, 세상을 이롭게 하는 이들 역시 인생의 바닥과 그늘을 이해하는 사람들일 것이다.

문익점을 추모하기 위해 조선 세조 때 세워진 도천서원에는 입장료나 주차요금을 받는 시설이 없었다. 여름방학인데도 우리 모녀 말고는 관람객이 하나도 없는 걸 보면 그만큼 덜 알려졌고, 건축물 자체도 문화재로 큰 가치를 인정받지 못했다는 뜻이다. 현재 남은 건물은 임진왜란과 대원군의 사원철폐령 때 많은 부분이 소실되고 후대에 새로 지은 것이다. 그래서인지 빈 마당 한가운데 무리지어 피어 있는 상사화가 우리를 더욱 반기는 것 같았다.

"저거 봐라. 기와로 꽃을 그려놓았네!"

지붕 아래 토담에 검은 기왓장으로 꽃 모양을 박아놓은 게 인상적이었다. 목화를 표현하려고 한 것일까.

호젓한 정취를 느끼기에는 도천서원이 좋지만, 아이들 눈높이에서 문익점을 이해하려면 목면시배유지가 나았다. 신안마을을 나와 경호강 건너편 단성면으로 들어갔다. 단성면 사월리에 있는 목면시배유지에는 목화씨에서 무명옷을 만들기까지의 과정을 설명하는 모형과 갖가지 전시물들이 있다. 그리고 무엇보다 전시관 바깥에 있는 목화밭을 볼 수 있다는 게 가장 큰 매력이다.

"와, 너무 예쁘다!"

"그러네. 엄마도 목화꽃은 처음 봐."

커다란 당단풍나무 이파리처럼 생긴 잎사귀들 사이로 연분홍과 연노랑 그리고 붉은색 꽃들이 은은하게 피어 있었다. 언뜻 무궁화를 닮은 것 같지만 자세히 보면 꽃잎의 느낌이 전혀 다르다. 꽃잎을 사람 손에 비유한다면 무궁화는 다부진 시골 아낙의 손 같고 목화는 그야말로 섬섬옥수다. 이 여린 꽃이 진 자리에 다래가 맺히고 그 안에 솜털이 뭉쳐진 씨가 맺힌다.

전시관을 나오며 목화씨 한 봉을 샀다. 아이들은 우리 마당에 목화꽃을 피울 생각에 마냥 즐거워했다.

"엄마, 우리 누구 꽃이 제일 먼저 피나 시합하자!"

나 역시 목화밭에서 솜을 뽑아 베개라도 만들 수 있을 것처럼 가슴이 부풀었다.

지리산을 지리산답게 만든 사람

지리산은 항상 감히 어떻다고 함부로 말하기조차 조심스럽다. 그저 '산은 지리산이다'라는 말에 고개를 끄덕이며 지리산이라는 말의 큰 울림만 가슴에 담아두게 된다. 그런 지리산을 가장 지리산답게 만든 사람이 남명 조식이라고 이해하고 있었다. 아는 것과 실천하는 것이 따로따로 존재할 수 없으며, 알고도 행하지 않는 것은 바로 알지 못하기 때문이라는 믿음으로, 행동하는 유학자들의 큰 스승이었던 사람. 그의 학문의 그늘 아래서 지리산의 기상을 닮은 많은 사람들이 자라났다고 알고 있었기 때문이다.

이번 지리산행의 목적지는 천왕봉 높은 산마루에 있지 않았다. 스무 살에 처음 지리산에 오른 조식이 틈나는 대로 산 구석구석을 찾아다니다가 덕을 쌓을 만한 곳이라고 터를 잡은 뒤에 제자들을 가르치던 곳, 산천재(山天齋)를 보고 싶었다. 그곳에서 끝내 벼슬에 나아가지 않고 가난한 선비의 지조를 지켰던 그가 산천재 툇마루에서 바라본 지리산의 풍경이 어떤지 궁금했기 때문이다.

아이들은 문익점과 목화씨의 극적인 스토리야 역사책마다 단골로 등장해서 친근했지만, 조식이라는 이름은 생전 들어보지도 못한 터였다. 그래서 시큰둥해하는 아이들에게 문익점 유적지에서 산천재 가는 길목에 있는 남사예담촌의 칠월칠석 축제에 들르자고 약속했다. 그런데 그만 우리가 도착한 시각에는 이미 모든 행사가 끝나고 말았다. 토요일부터 시작한 축제마당이 일요일 오후가 되자 서둘러 파장한 것이다. 일상을 떠나 길 위에 있다 보니 무슨 요일인지조차 까맣게 잊고 있었다. 사람들이 집으로 돌아가기 위해 서둘러 지리산을 떠날 때 우리는 겨우 그 안으로 들어가고 있었다.

"이거 멀리서 일부러 찾아왔는데 미안해서 어쩌죠. 애들아, 내년에 꼭 다시 오렴."

안동 하회마을과 견주는 산청의 남사마을에서 칠월칠석을 맞아 천연염색 체험과 떡메치기 같은 행사를 한다고 해서 내심 기대하고 있었다. 그러니 축제가 끝나고 관광객들이 떠나간 뒷자리를 정리하고 있던 마을 이장의 당부가 귀에 들어올 리 없었다.

"저 집 너무 예쁘다. 엄마, 우리 오늘 여기서 자면 안 돼?"

예담촌 입구에 KBS 〈6시 내 고향〉이라는 프로그램의 '백년가약' 코너에서 집 단장을 해준 곳이라는 안내가 붙은 아담하고 예쁜 민박집이 있었다. 인테리어에 관심이 많은 마로가 아쉬운 대로 예쁜 집에서라도 자고 싶다고 조른다.

"일단 산천재까지 가보고 결정하자. 엄마는 꼭 가보고 싶었던 곳이야. 엄마가 존경하는 선생님이 살던 곳인데 궁금하지 않아?"

입이 삐죽 나온 아이들을 겨우 달래서 시천면 쪽으로 달렸다. 길은 덕천강을 따라 물길을 거슬러 올라간다. 덕천강은 지리산의 고운동, 중산리, 대원사, 내원사 계곡 등에서 뻗어나온 물줄기들이 시천면에서 하나로 모이는 곳이다.

모른다는 걸
이제 겨우 알았네

산천재는 생각했던 것보다 깨끗하게 잘 정비된 곳이었다. 도로 맞은편에는 제법 규모가 큰 남명기념관도 새로 들어서 있었다.

"배고픔 견디려면 배고픔 잊어야 할 뿐 도무지, 산목숨 쉴 곳도 없네"라는 시가 남아 있을 정도로 청빈했던 그의 자취가 남은 곳이라 해서 지나치게 소박한 이미지만 떠올렸던 것 같다. 무너진 건물에 새로운 기왓장이 올라가고, 산으로 가는 오솔길은 아스팔트로 바뀌고 심지어 강물도 세월 따라 그 모양새가 변하는 법인데, 오백 년이 지난 지금에 와서 옛사람의 흔적을 그대로 더듬는다는 게 가능한 일일까. 다만 산천재 툇마루 기둥에 기대어 앉아 낮은 담장 너머 산을 바라보며 짐작만 해볼 뿐이다. 그러나 아쉽게도 운무에 가려 산은 제 모습을 감추고 있었다. 그래도 산천재 마당의 잔디 위에 비에 씻겨 떨어진 붉은 배롱나무 꽃잎은 고왔다. 이 나무는 언제부터 이 자리를 지키고 있었을까.

아이들 손을 잡고 산천재 맞은편 남명기념관으로 들어갔다. 그런데 처마 밑으로 들어가자마자 난데없이 비가 쏟아졌다.

"또 비 온다."

순간 어제의 그 무서웠던 빗줄기 때문에 모두가 긴장했다. 그러나 다행히 햇살 아래 쏟아지는 여우비였다. 여우 같은 비가 내심 고마웠다. 덕분에 비가 그칠 때까지 아이들은 군말 않고 기념관 구석구석을 구경할 수밖에 없었다.

기념관 전면에는 남명의 사상을 알기 쉽게 표현했다는 신명사도(神明舍圖)라는 그림이 걸려 있었다.

"신명은 사람의 마음이고 신명사는 바로 마음이 머무는 집을 나타낸 거예요."

해설사 한 분이 아이들을 세워놓고 신명사도를 설명해주는데 내가 듣기에도 어려운 말들이 많았다. 마음의 안과 밖을 잘 다스려서 지극히 선한 경지에 도달하려는, 남명 선생의 공부방법을 표현한 그림이라는데 솔직히 그 그림 때문에 더 어렵게 느껴졌다. 다만 설명 끝에 "이런 데 들어

산천재 기둥에 걸린 글은 '봄 산 어디에 향기로운 풀이 없으랴만 / 하늘 가까운 천왕봉이 좋아 여기 있네 / 빈손으로 왔으니 무얼 먹을까 / 십 리 은하 같은 물 먹고도 남으리' 라는 남명 선생의 시다.

와 숨어 살려는 사람은 지조가 있어야 하는 법이야” 하던 말만은 또렷하게 남는다.

남명기념관은 들여다볼수록 첩첩이 깊어지는 거대한 산과 같았다. 과연 이곳을 지나쳐 간다 한들 우리가 남명이라는 사람의 정신과 행적을 짐작이나 할 수 있을지 의심스러웠다.

“너희들 곽재우 장군 알아?”

“아아, 잘 싸운다, 곽재우!”

아이들이 〈역사는 흐른다〉의 가사를 읊조렸다. 그러고 보니 그 노래에 같은 시대를 살았던 퇴계 이황은 나와도 조식의 이름은 없다.

“곽재우 장군도 남명 선생 제자래.”

그나마 아이들이 이름을 아는 인물과 관련 있는 사람이라는 게 다행이었다.

아이들 눈높이에 맞추어 남명을 설명하기가 힘들었다. 그저 엄마 아빠가 존경하는 사람이라는 말 한마디면 무조건 좋은 사람이라고 믿어준다는 사실에 만족하련다. 머지않아 스스로의 방식대로 그를 이해할 날이 올 텐데, 무얼 구태여 지금 무리해서 가르치고 설명한단 말인가. 원한다면 그때 아이 스스로 다시 찾아와 오늘 이 순간을 추억할지도 모를 일이다.

그때 ‘아니야, 그건 엄마 아빠가 틀렸어’ 라고 말할지도 모르겠다. 그렇게 되더라도 서로의 생각을 일방적으로 강요하다가 상처만 입고 돌아서는 그런 관계는 되지 말았으면 하고 바랄 뿐이다. 이번 여행 역시 내 생각만 강요하는 길이 되지 않게 하려고 나름대로 노력했지만 과연 아이들도 그렇게 느끼고 있을지 자신이 없다.

엄마가 존경하는 사람이라는 말로 아이들을 꾀어 데리고 왔지만, 실제로는 나 역시 그의 글들을 스쳐 읽었을 뿐 선생에 대해 아는 게 전혀 없었다는 사실을 깨달았을 뿐이다. 한바라가 그날 일기장에 쓴 말이 나에 비해 훨씬 정직했다.

"알고 보니 곽재우 장군 같은 의병을 일으킨 사람들이 남명 선생 제자였다. 엄마는 남명 선생을 존경하신다고 하셨다. 그런데 난 잘 모르겠다."

아는 것을 안다 하고 모르는 것을 모른다고 하는 것이 참으로 아는 것이다.(知之爲知之 不知爲不知)

짐짓 씩씩한 척
어깨에 힘을 주고

아이들이 책을 사달라기에 전시관에서 파는 남명학 관련 책 가운데 가장 쉬워 보이는 《남명 설화이야기》라는 책을 사서 나오니 비는 멎어 있었다. 그렇지만 문제는 그다음이었다. 차를 세워둔 곳으로 와보니 도로 한쪽이 옴짝달싹 못하게 꽉 막혀 있었다. 마치 퇴근시간 서울 시내 도로를 보는 듯했다.

"어떡하니? 아까 그쪽으로는 도저히 못 가겠다. 반대쪽으로 가서 야영할 데를 찾아보자."

아이들도 꼬리에 꼬리를 무는 차들을 보고 더는 조르지 못했다. 사실 이틀이나 해네 집에서 잤으니 오늘은 다시 이번 여행 본연의 자세로 돌아와 텐트를 칠 생각이었다. 그걸 어떻게 설득할까 내심 고민하고 있었는데

남명기념관에서 나오니 어쩔 수 없이 야영장으로 갈 수밖에 없는 상황이
었다.

해가 뉘엿뉘엿 넘어가는데 산기슭으로 들어가려니 금세 어둠이 짙어질
것 같았다. 더는 멀리 들어갈 수 없을 것 같아서 오늘은 내원사 계곡 입구
의 대포숲 야영장에 텐트를 치기로 했다.

대포숲은 대원사 계곡과 내원사 계곡의 물줄기가 합쳐지는 삼장면 대
포리에 있는 마을 숲으로, 여름이면 이 일대가 피서객들로 붐비는 곳이
다. 차를 세우고 보니 다섯 시가 조금 넘었을 뿐인데도 산 밑이라 어둠이
짙었다. 설상가상으로 아까 여우비를 뿌리던 구름이 이제는 제대로 비를
쏟아부을 태세로 몰려들고 있었다. 아무래도 오늘은 비를 피하기가 힘들
것 같았다. 만일의 사태에 대비해서라도 가능한 한 차에서 가까운 곳에
텐트를 쳐야겠다는 생각이 들었다.

"자, 가보자."

"엄마, 나 무서워. 그냥 차에 있으면 안 돼?"

여태 씩씩하기만 하던 둘째 녀석이 시무룩한 표정으로 말한다. 지친 모
양이다.

"너 혼자 차에 있으면 더 무섭지 않을까?"

"문 꼭 잠그고 있을게."

"그럼, 밖에 나오지 말고 가만히 있어. 언니랑 텐트 쳐놓고 데리러 올
게."

하늘이 보이지 않는 울창한 숲 속인데도 부슬부슬 빗방울이 떨어지는
걸 보니 비구름이 쉽게 지나가지 않을 모양이다. 야영장 바로 옆으로는

내원사 계곡에서 흘러 내려오는 넓은 하천이 흐르고 있었다. 어제 덕유산에서 쏟아져 내려오던 물줄기의 위력을 생각하니 아찔했다. 거창에서보다 산 안쪽으로 깊숙이 들어왔으니 더 위험할 수도 있다. 그냥 차가 밀리더라도 남사마을로 나갈 걸 그랬나, 하는 후회가 밀려왔지만 딸들에게는 내색하지 않았다. 안 그래도 불안해하는 아이들을 안심시키려면 짐짓 씩씩한 척해야 했다.

"애, 아가, 이리 와라."

무거운 짐을 들고 두리번거리는 우리 모녀를 할아버지 한 분이 불러세웠다.

"우리 지금 나갈 거니까 여기다 쳐. 우리가 오늘 하루치 돈 다 낸 자리니까 그냥 와도 돼."

마을에서 세워놓은 커다란 천막이 있는 자리였다. 우리는 이미 야영장 이용료로 오천 원을 낸 상태였는데, 그곳은 만 원짜리 자리였다.

"괜찮으니까 여기다 해. 비도 올 텐데 고생하지 말고 지붕 있는 데다 쳐."

잠깐 고민스럽긴 했지만 그냥 배수로가 잘 파인 나무 밑에 텐트를 치기로 했다. 텐트를 거의 다 세워가는데 마침 텐트 가까운 곳에 차를 댈 자리가 비었다.

"마로야, 차 이리로 가져올게. 짐 좀 보고 있을 수 있니?"

"엄마, 내가 텐트 다 쳐놓을 테니 걱정 마. 한바라도 빨리 데려와."

마로 이마에 헤드램프를 켜서 걸어주고는 서둘러 주차장으로 갔다. 어두운 숲이 열릴 무렵 아이의 울음소리가 들려왔다. 한바라가 차문을 열고 나와서 비를 맞은 채 울고 있었다. 십여 분 남짓이었는데 혼자 기다리기에는 너무 긴 시간이었던 모양이다.

"엄마, 왜 이렇게 늦게 와!"

울음 속에 원망이 가득했다.

"그러게 엄마가 같이 가자고 했잖아."

꼭 안아주고는 미안하다며 달랠 수밖에.

"언니도 무섭겠다. 빨리 가자."

텐트야, 떠내려가지 마라

플라이를 타고 흐르는 빗물이 배수로 밖으로 고이도록 구석구석 체크하느라 텐트를 완공하는 데 꽤나 시간이 걸렸다. 그나마 배수로를 파놓은 자리가 아니었다면 더 애를 먹었을 것이다. 때마침 비가 쏟아지고 있었다. 저녁밥은 비 때문에 결국 텐트 안에서 먹어야 했다.

"오늘은 가스램프 켜줄게. 환해질 거야."

그동안 가스램프의 심지가 없어서 손전등과 헤드램프 빛으로 견뎌왔었다. 오늘은 비도 오고 아이들을 안심시키려면 불이라도 밝은 게 나을 듯싶었다. 텐트 입구에 앉아 가스램프에 심지를 끼우고 조립했다. 생각해보니 한 번도 내 손으로 가스램프에 불을 켠 일이 없다는 사실에 새삼 놀랐다. 조금이라도 궂은일은 모두 남편이 도맡았기 때문이다.

"이상하네. 왜 불이 안 켜지지?"

가스는 새는데 자동 점화가 되지 않았다. 풀어서 처음부터 다시 조립을 했다. 그런데 맞은편 텐트 앞에 마주 보이게 앉아 있는 남자가 자꾸 눈에 거슬렸다. 아까부터 계속 우리 쪽을 주시하고 있었다. 갑자기 여자들끼리만 있다는 사실에 겁이 났다. 남편도 우리를 떠나보내면서 내심 걱정하던 문제였다. 휴가철이라 야영하는 사람들이 많을 텐데 뭐가 무섭냐고 하면서도 가능한 한 사람들 많은 곳에 텐트를 치라고 당부하기도 했다. 설마 이렇게 사람들이 많은데 무슨 일이 나겠어. 다시 가스램프에 정신을 집중해 보지만 도통 수습이 안 됐다. 긴장하다 보니 등판이 흥건히 땀에 젖었다.

"이리 줘보세요. 제가 켜드릴게요."

우리를 지켜보던 사내가 드디어 말을 걸었다.

"아니에요. 괜찮아요……. 고맙습니다."

나는 그냥 가스램프 켜는 걸 포기하고 통 안에 도로 넣어버렸다.

비 때문에 텐트 안에 꼼짝없이 갇힌 우리에게 밤은 너무 길었다. 아이들과 침낭 속에 들어가 '끝말잇기', '꽃 이름 대기' 같은 게임을 질리도록 하다가 겨우 잠이 들었다.

빗소리에 잠이 깬 것은 새벽 한 시경이었다. 잠들기 전까지 추적추적 텐트를 적시던 빗줄기가 갑자기 사나운 기세로 천장을 때리고 있었다. 밖을 내다보니 다른 텐트에는 모두 불이 꺼져 있고 고요했다. 우산과 헤드램프를 챙겨들고 야영장 옆 물가로 가보았다. 제방 아래로 불을 비춰보니 시커먼 물줄기의 기세가 사나웠다. 물은 어림잡아 제방에서 2미터 아래로 흐르고 있었지만 그래도 갑자기 물이 붇지 않을지 걱정되었다.

출발 전날 밤부터 전국적으로 장마전선이 북상하고 있었다. 3번 국도를 따라 남하한 우리는 비구름의 중심을 향해 달려온 셈이었다. 비가 긋기를 기다리는 마음은 하루가 다르게 커가는 아이들이 언제까지나 품 안의 자식으로 남아 있기를 바라는 것처럼 어리석게 여겨졌다. 지리산 그늘 산청군 삼장면 대포리에 텐트를 친 날은 밤새 산에서 쏟아져 내려오는 빗줄기에 휩쓸려 떠내려가지 않을까 노심초사해야 했다.

텐트로 돌아왔지만 통 잠이 오지 않았다. 순식간에 물이 불어 넘치면 어쩌지. 그래, 유비무환이지. 대피할 준비를 해놓자. 모두가 깊이 곯아떨어진 야영장에서 나는 혼자 짐을 챙겼다. 잠든 아이들만 두고 텐트에 있는 짐들을 모두 차에 실었다. 최악의 경우 텐트는 두고 아이들만 데리고 도망친다는 계산이었다. 빗줄기가 더욱 거세지자 하나 둘 일어나 텐트 밖을 내다보았지만 다들 그냥 다시 곯아떨어지는 눈치였다. 나만 호들갑을 떠는 걸까. 하지만 어느새 배수로의 물이 넘쳐 텐트 밑으로도 물이 흐르는 게 느껴졌다. 다행히 우리 텐트의 방수 시스템은 완벽했다.

잠든 아이들의 손을 잡고 둘 사이에 누웠다. 대피할 때 깨우더라도 당장은 아이들이라도 근심 없이 깊이 잠든 게 다행스러웠다. 그렇지만 나는 거의 한 시간 간격으로 텐트 밖으로 나가 물이 얼마나 불었는지 확인하고 돌아와야 안심이 되었다. 마치 혼자서 불침번을 서는 기분이었다.

이날의 일기예보는 이랬다. "기상청은 고기압 가장자리의 대기가 불안정해 밤새 천둥과 번개를 동반한 강한 소나기가 오는 곳이 많겠으니 산간이나 계곡에서 야영 중인 피서객들의 주의를 당부했습니다."

식물학자가 되고픈 아이의 제비꽃 같은 마음

예민한
내 팔자야

걱정과 근심은 타고난 팔자인 모양이다. 다른 사람들은 별 탈 없이 잘 잔 기색이다. 새벽녘 비는 잦아들었고, 하천의 범람 따위는 없었다. 생각해보니 장마철이면 국립공원관리사무소에서 재난대비 특별경계근무를 할 것이고, 가장 많은 재산피해를 입을 대포리 마을 주민들이 더 예민하게 촉각을 곤두세우고 있었을 것이다. 어쩔 수 없다. 예민한 내 팔자다.

무사히 밤은 보냈지만 비에 젖은 텐트를 걷을 생각에 다시 심란해졌다.

"오늘 아침은 간단히 먹어야겠다."

비는 오는데 야외취사장도 너무 멀고 물도 시원하게 나오지 않았다.

"수프 먹고 싶은데."

"그럼, 감자수프 끓여줄게!"

"엄마, 이건 크림수픈데?"

"자, 크림수프로 어떻게 감자수프를 만드는지 보여줄게."

즉석 감자수프는 먼저 껍질을 벗긴 감자를 삶고 먹기 적당한 크기로 썬다음, 인스턴트 수프를 넣고 끓이면 된다. 감자가 적당히 으깨져서 맛도 담백해지고 수프만으로는 부족한 양을 든든하게 채워준다.

야외 요리의 식단은 가능한 한 조리과정은 짧게, 설거지할 그릇과 쓰레기는 적게 나오도록 하는 게 중요하다. 특히 사람이 많이 모이는 야영장은 취사장에 쌓이는 음식쓰레기 때문에 골치다. 나는 평소 1박 2일 계획으로 야영을 떠날 때는 하루 전에 쌀을 씻어서 말린 다음 끼니별로 나누어 포장해둔다. 그렇게 하면 쌀을 불리지 않아도 되고 물만 부어 바로 조리할 수 있다. 요즘은 씻어 나온 쌀을 팔지만 너무 비싸다. 야채도 필요한 양만 미리 씻고 다듬고 썰어서 밀폐용기에 양념과 함께 담아 가면 쓰레기가 거의 나오지 않는다. 물만 부어 끓일 수 있도록 해서 파는 동결건조 즉석 찌개거리들은 일회용 포장지 쓰레기가 거슬릴 뿐더러, 재료 손질도 깨끗하게 했을 것 같지 않고 무엇보다 역한 화학조미료 맛이 마뜩찮다.

집에서 조금만 수고를 하면 야영지에서 쌀 씻고 양파 다듬으며 부산 떨시간을 여유 있게 즐길 수 있다. 하지만 이런 꼼꼼한 준비보다 중요한 것은 조금이라도 간소하게 먹는 것이다. 이는 야영지뿐 아니라 일상에서도 마찬가지다. 우리는 너무 많이, 너무 맛난 것을 탐하면서 살고 있다.

"자, 이제 또 가야지."

"근데 엄마, 비가 더 많이 오는데 어떻게 하지?"

빗속에서 텐트를 철수하려면 요령이 필요하다. 플라이야 어차피 비에 젖는 것이지만 어떻게 하면 속에 있는 텐트를 덜 젖게 할 수 있을까. 조금이라도 비가 잠잠해지길 기다려볼까 싶기도 했지만 그러기에는 갈 길이 너무 멀다. 어떻게든 이 비구름 속에서 빨리 도망치는 게 상책인 듯했다.

우선 아이들을 차에 태우고 짐을 정리했다. 문을 열기만 해도 의자 위로 빗방울이 튀어서 차 안에도 습기가 가득했다.

원래는 플라이를 먼저 걷고 나서 텐트를 해체해야 하지만 나는 반대로 작업했다. 플라이 안에서 텐트 폴을 하나하나 빼내니 기둥이 무너져 풀썩 주저앉은 채로 플라이 속에 갇혔다. 그 안에서 꼼지락꼼지락 진땀을 흘리며 텐트를 둘둘 말아서 나왔다. 밖으로 나와 보니 마로가 차에서 나와 우산을 들고 있었다.

"엄마, 괜찮아?"

바닥에 풀썩 주저앉은 텐트 속에 갇혀서 한참을 버둥거리는 엄마가 걱정스러웠던 모양이다.

"추운데 왜 나왔어? 야, 근데 엄마 너무 씩씩하지 않냐!"

내가 생각해도 대견했다. 남들이 보면 정말 우스운 꼬락서니였을 것이다. 하지만 다른 사람들이야 그냥 젖은 채로 접어서 집으로 돌아가면 그만이지만 우린 오늘 밤 또 어디서 텐트를 쳐야 할지 모르는 상황인데 본

체까지 홀딱 젖게 할 수는 없었다. 기대했던 대로 텐트는 거의 젖지 않았다. 비에 흠뻑 젖은 플라이만 물기를 털어서 비닐봉지에 담고 서둘러 대포숲을 빠져나왔다.

비만 멎었더라도 내원사까지 산책할 생각이었는데 아쉬웠다. 시천면을 빠져나가기 전에 남명 선생의 덕천서원에 들르려고 했지만 길을 찾지 못해 주변만 빙빙 돌다가 포기했다. 떠날 때까지도 지리산은 끝내 얼굴을 보여주지 않았다. 잘 있거라, 지리산아. 내 다시 오리니.

막 산청을 빠져나오려는데 후배에게서 문자메시지가 왔다.

"여행은 계획대로 떠나셨나요? 저는 오늘 지리산으로 휴가 떠나요~"

"나는 밤새 폭우 속에서 살아남아 막 지리산을 탈출하고 있음. 즐거운 휴가 ^^"

아무리 장대비가 쏟아지고 폭풍, 한설이 몰아쳐도 지리산은 꾸역꾸역 사람을 부른다. 그게 지리산이다.

논개가 몸을 던진
진수 남강

"울도 담도 없는 집에서 시집살이 삼 년 만에 시어머니 하시는 말씀 애야 아가 며늘아가 진주낭군 오실 터이니 진주남강 빨래 가라……"〈진주난봉가〉는 이렇게 시작한다. 오랜만에 온 서방님을 보기 위해 허겁지겁 빨래를 하고 집에 돌아왔는데 기생 첩을 옆에 끼고 있는 남편을 본 며늘아가는 아홉 가지 약을 먹고 목매달아 죽었다. 이를 본 남편이 탄식한다.

"내 이럴 줄 왜 몰랐던가 사랑 사랑 내 사랑아."

학창시절 막걸릿집 풍경을 떠올리면 절로 흥얼거리게 되는 노래 중 하나다. 주로 민속학연구회나 마당굿패 친구들이 즐겨 부르던 노래인데, 스무 살의 청춘과는 어울리지 않는 청승맞은 노래들을 술만 마시면 왜 그렇게 불러댔을까.

차는 빗줄기를 뚫고 진주 남강을 향해 달렸다. 노래 때문일까, 진주 남강은 이름을 부르는 것만으로도 처연한 슬픔 같은 게 밀려오는 것 같다. 남강변에 울을 두른 진주성과 촉석루 그리고 논개 사당과 국립진주박물관이 우리를 기다리고 있었다.

잠잠하던 빗줄기가 진주성에 도착하니 다시 굵어졌다. 비도 피할 겸 박물관 안에서 모처럼 여유 있게 관람을 할 생각이었다. 그런데 아뿔싸, 월요일, 박물관 정기 휴관일이었다.

성문 앞 관광안내소에 근무하는 여자 분이 우리를 보고 도리어 미안한 얼굴이다.

"오늘 진주 지나가는 길에 들린 건데……. 성 안에는 들어갈 수 있지요?"

"그럼요. 산책하기 좋아요. 오늘 진주에서 묵고 내일 다시 오세요. 저녁에 남강변 풍경이 얼마나 멋있는데요."

남강변에서는 해마다 10월이면 '유등(流燈) 축제'가 열린다. 임진왜란 당시 진주성 전투에서 남강을 건너려는 왜군을 저지하고, 강 건너 가족에게 안부를 전하는 통신 수단으로 강물에 등불을 띄우던 전통을 되살린 것

지리산 자락에 쏟아진 폭우를 뚫고 나와 진주로 향했다. 그 산의 물줄기가 고스란히 이곳 진주
성 아래 남강으로 흐르고 있었다. 진주성은 임진왜란 3대 대첩의 하나인 김시민 장군의 진주
성싸움이 있었던 곳이다. 빗줄기는 가늘어졌지만 간간이 천둥과 번개에 놀라며 촉석루 아래
논개가 몸을 던진 바위 의암과 논개의 사당 등을 둘러보았다.

이다. 우리는 오늘 밤 남강에 종이배라도 띄워볼까. 그렇지만 오늘 안으로 남해에 들어가 갯벌에서 바지락을 캐기로 아이들과 약속을 했었다.

관광안내소 직원의 호의로 좁은 안내소 안에서 빗줄기가 가늘어지기를 기다렸다. 더구나 관광객을 위해 마련된 컴퓨터까지 있어서 아이들에게는 난데없는 횡재나 다름없었다. 안 그래도 여행 중간 중간 PC방이나 도서관에 데려가야 한다는 게 아이들의 요구사항이었는데 한 번도 들어주지 못하고 있었다. 딸들은 어지간한 놀이공원보다는 도서관을 더 좋아한다.

"엄마, 진주는 큰 도시야? 그럼 우리 PC방에 갈 수 있겠네?"

산청을 떠나오면서 아이들은 몇 번씩 다짐을 받았다.

관광안내소에 비치된 자료들을 뒤적이면서 기다려봤지만 비는 멈출 기세가 아니었다.

"우리 우산 쓰고 들어가보자."

"싫어. 난 다리 아파서 안 갈래."

큰딸이 먼저 제동을 건다. 오랜만에 컴퓨터 맛을 봤는데 너무 일찍 자리를 뜨는 게 불만이었던 모양이다.

"너 여기 진주성이 어떤 곳인 줄 알아?"

관광안내소 직원이 아이들에게 묻는다.

"잘 모르지? 그럼 임진왜란 3대 대첩이 뭔지는 아니?"

아이들이 우물쭈물 대답을 못하자 얼른 그 여세를 몰아 부추긴다.

"이순신 장군 알지?"

"네, 한산대첩."

"그래, 그럼 권율 장군도 알겠네?……맞아, 행주치마! 바로 행주대첩.

그리고 여기 진주성에서 김시민 장군이 싸워 이긴 진주대첩이야. 그건 몰랐지?"

아이들을 많이 상대해본 말솜씨였다. 둘째는 그 말에 금세 호기심이 발동했지만, 이미 머리가 클 대로 커버린 큰아이는 여전히 시큰둥한 기색이다.

비빔밥도 박물관도
다음을 기약하며

우리는 우산을 쓰고 진주성 안으로 들어갔다. 성곽을 따라 비 오는 진주 남강변을 걸어보는 것만으로도 좋은 추억이 될 것이다. 더구나 촉석루 아래는 논개가 적장을 품에 안고 강물에 뛰어든 의암이 있지 않은가.

백 년 전 우리 땅에 들어온 외국인 선교사가 "진주엔 파리보다 기생이 많았다"라고 허풍스러운 기록을 남겼을 정도로 진주 기생은 유명했다. 아무렴 〈진주난봉가〉라는 노래가 그냥 나왔을까. 기생과 함께 어우러진 양반들의 풍류 뒤에는 자연히 착취의 그늘도 짙었을 법, 진주는 민란도 많았던 곳이다. 그런 고장에서 논개는 진주 기생뿐 아니라 진주 사람들의 의로운 기개의 상징이 되었다.

촉석루는 여러 번 불탄 것을 새로 지어놓은 것이어서 고색이 느껴지지는 않았다. 더구나 누각에 올라갈 수 없어서 더욱 아쉬웠다. 대신 강변으로 내려가면 의암을 볼 수 있고 강둑을 따라 산책도 할 수 있다.

절벽 아래로 어른이 한 번에 건너뛸 수 있을 정도의 거리에 상처럼 평평한 바위가 강물 위에 오롯이 박혀 있는 것이 의암이다. 원래 바위 언저리에 물이 깊고 소용돌이가 심해 '위험한 바위'(危巖)라 불리던 것이 논개 때문에 '의로운 바위'(義巖)가 된 것이란다.

"엄마, 나 가까이 가서 보고 싶어."

한바라는 진주성에 들어올 때부터 논개가 몸을 던진 바위에 대단한 관심을 보였다.

"안 돼. 바위가 너무 미끄럽다. 그냥 여기서 보자."

커다란 위험표지판이 없었더라도 바위가 너무 미끄러워 더는 나아가기 힘들었다.

"근데 강물이 똥물 같아. 왜 이렇게 더럽지?"

"비가 많이 와서 강바닥이 뒤집혀서 그래. 산에서부터 흙이랑 모래가 쏟아져 내려오거든."

남강에는 시뻘건 황토물이 흐르고 있었다. 불어난 물에 떠내려온 쓰레기들도 둥둥 떠다녔다. 임진왜란 때는 저렇게 시체가 떠다녔을 것이다. 2차 진주성 싸움에서 진주 사람 육만 명이 죽었다니 그때의 강물은 피로 붉게 물들었을 것이다.

몹시 기대했던 진주비빔밥은 실패였다. 비빔밥을 좋아하는 나는 전주비빔밥과 그 맛을 비교해보고 싶었다. 그런데 관광안내소 직원이 도로 맞은편 식당도 잘한다고 하기에 비와 허기를 핑계로 가까운 곳으로 서둘러 들어갔다가 낭패를 본 것이다. 꽃처럼 화려해 꽃밥 또는 칠보화반(七寶花盤)이라고도 불리는 전통 진주비빔밥을 맛보려거든 시내 전문음식점으로 갔어야 했다. 아무래도 비빔밥과 진주박물관 때문에라도 다시 진주에 와야겠다.

우리는
삼천포로 빠져야 한다

원래 3번 국도의 끝은 삼천포였다. 그러나 이제 삼천포시는 지도에 없다. '잘나가다 삼천포로 빠진다'라는 말을 지역 비하 발언이라고 느끼는 주민들의 반대로 사천군과 도농복합도시로 통합되면서 그 이름을 버렸다. 원래 삼천포가 시가 될 때 사천군에서 떨어져나왔던 것이므로 우여곡절 끝에 결국 어미 품으로 돌아간 것일 수도 있다. 사천시 주민들은 지금도 언론에 '삼천포 어쩌구' 하는 발언이 나오면 자다가도 벌떡 일어난다. 원래 삼천포는 가던 길을 잊을 만큼 아름다운 곳이었다는데, 나 같으면 차라리 "아름다운 삼천포로 빠지세요!" 하고 사람들을 부르겠다.

삼천포시는 사라졌어도 삼천포 항구는 남아 있다. 3번 국도는 사천시 삼천포항에서 남해군 창선면을 잇는 연륙연도교를 놓아 바다 위로 길을 이어놓았다. 그래서 우리는 어떻게든 삼천포로 빠져야만 남해로 들어갈 수 있다.

빗길운전은 빗속에서 텐트를 철수하는 것만큼이나 힘들었다. 더구나 밤새 계곡물이 불지 않을까 노심초사하며 잠을 설친 탓에 몸은 녹초가 되어 있었다. 빨리 남해로 가서 오늘은 좀 쉴까. 뒷좌석의 아이들은 휴대전화로 어젯밤에 겪은 고초를 무용담처럼 아빠에게 중계하고 있었다.

"모르겠어. 비가 너무 많이 와서 또 텐트를 치긴 힘들겠어."

오늘은 어디서 잘 거냐고 묻는 남편에게 별 대책이 없다는 투로 말을
건네고 보니, 괜한 걱정을 시킨 것 같아 후회스러웠다. 마치 남편이 비를
뿌리기라도 한 것인 양 투덜댔던 것 같다.

그때 마침 항공우주박물관 푯말이 눈에 들어왔다. '저기는 문을 열었
을까?' 싶었지만 어쨌건 차를 세우고 쉬고 싶었다. 다행히 박물관 문은
활짝 열려 있었다. 주차장에는 우리처럼 비 때문에 딱히 갈 곳이 없어진
피서객들의 차량이 서너 대 더 있었다.

야외전시장에 20여 대의 크고 작은 전투기와 탱크 등이 있었는데, 대
부분 한국전쟁에 참전했던 것이다. 자유의 수호자들이라고 하지만 달리
말하면 우리 민족의 역사상 가장 참혹했던 전쟁에 쓰인 살상무기들인 셈
이다. 처음부터 과학적 상상력을 자극하는 항공우주박물관이라기보다는
전쟁기념관 또는 반공기념관 같은 색채를 풍겨 실망스러웠다. 그 중 세
대의 전투기는 안을 개방하고 있었는데, 첫 번째 관람 코스마저 박정희
대통령 전용기여서 그런 이미지가 더했다. 야외전시장과 실내 자유수호
관에 시간을 빼앗겨 정작 핵심인 항공우주관은 꼼꼼히 보지 못했다. 비에
젖은 몸으로 돌아다니기에는 실내가 너무 추웠던 것도 관람을 방해하는
요인이다.

그 중 눈에 띄는 전시품은 1948년 스탈린이 선물했다는 김일성 주석의
승용차였다. 한국전쟁 당시 평안북도 신흥동에서 한국군이 노획한 것을
이승만 대통령이 유엔군 사령관 미망인에게 선물했는데, 그가 다른 미국
산 승용차와 바꿔 가지면서 행방을 알 수 없게 되었다고 한다. 결국 14년

만에 미국에 있는 자동차 수집상에서 찾아내 1982년 국내로 돌아온 것이라고 한다. 소련에서 태평양을 건너 미국까지 갔다가 되돌아온 차의 운명이 우리 현대사만큼 기구해 보였다. 기왕에 전시하는 것이라면 야외전시장의 비행기처럼 타볼 수 있도록 실내를 개방하면 좋을 것 같았다.

길에서 잠들지 않겠다고
약속했건만

전시관을 나오면서 남자 아이들이었다면 훨씬 더 흥미를 느꼈을까, 하는 생각이 들었다. 하지만 이건 분명 남녀를 차별하는 편견이다. 아무튼 마로의 관람평은 "관람비 날렸다"였고, 한바라는 의미심장하게도 "걱정된다"였다. 전시관 안에 '우주를 정복하는 자가 세계를 정복한다' 라고 써 있는 글이 마음에 걸린다고 했다. 우리가 우주를 정복하지 못할까 봐 걱정된다는 뜻인가. 그러나 한바라는 우주전쟁이 일어날지도 모른다는 염려를 한 것이다. 식물학자가 꿈인 둘째 딸은 그야말로 제비꽃처럼 여린 심성을 지녔다. 전투기와 탱크, 대결과 정복의 이미지로 점철된 우주의 이미지는 가까이 하기엔 너무 먼 것이었나 보다.

하지만 딸아, 너무 걱정하지 마라. 우주는 네 눈처럼 초롱초롱한 별들의 집이란다. 과학은 그 아름다움 너머를 보는 거란다. 꽃을 사랑하는 네가 정말 식물학자가 되려면 현미경으로 그 몸속을 들여다봐야 하는 것처럼 말이야.

"엄만 피곤해서 10분만 자야겠다."

절대 길에서 잠들지 않겠다고 약속했지만 나는 도저히 지킬 수가 없었
다. 지난밤 불침번을 서느라 잠을 설친 탓이다. 결국 박물관 주차장에서
의자를 뒤로 젖히고 잠시 눈을 붙인 뒤에야 겨우 출발할 수 있었다. 아이
들은 차 안에 갇혀 전시관에서 산 비행기 모형을 조립하며 놀았다.

비는 멈출 기세가 아니었다. 삼천포항으로 가는 길에 도로 곳곳에서 하
수구가 범람했다.

"엄마, 무서워."

도로 옆 절개지에서 토사가 밀려나와 길을 덮치려는 걸 보고 아이들이
잔뜩 겁을 먹었다. 나중에 들은 이야기지만 마로는 우리 차가 물에 잠겨
둥둥 떠내려갈까 봐 걱정했다고 한다. 큰딸도 엄마를 닮아 근심이 많다.
우린 둘 다 A형이다.

호미만 대면
바지락이 쏟아져 나오는 무인도

길은 드디어 바다를 건넌다.

뭍의 길이 섬으로 이어지면 섬은 더 이상 섬이 아니다. 육지와 단절된
고립된 공간. 섬이라는 말이 우리에게 주는 이미지는 그런 것이다. 우리
말의 어감이 새삼 오묘하다고 여겨졌다. 섬이라고 일부러 소리를 내보면
저절로 입 안 가득 외로움이 묻어나는 느낌이다.

삼천포항에서 남해군 창선면까지는 징검다리처럼 놓인 모개섬과 초양
도와 늑도를 잇는 다리와 다리가 길을 이어가고 있다. 창선면도 남해 섬

과 지족 해협을 사이에 두고 따로 떨어진 섬이지만 창선교로 한데 꿰매진
지 오래다. 설문대할망이나 계양할미처럼 바닷가에 살던 전설 속의 여자
거인들이라면 단걸음에 경중경중 뛰어넘었을 거리에 올망졸망 섬들이 흩
어져 있다.

"얘들아, 바다야!"

나는 환호했다. 그러나 아이들은 걱정했다.

"엄마, 오늘 조개 캐러 갈 수 있을까?"

남해에 가면 갯벌에서 조개를 캘 수 있다는 꿈에 부풀어 있었는데, 비구
름 때문에 아무것도 눈에 들어오지 않는 모양이었다.

사실 온통 먹구름에 뒤덮인 잿빛 하늘과 바다는 경계가 모호했다. 바다
를 건너는 연륙연도교의 주황색 아치 난간마저 없다면 온통 흑백사진 같
은 풍경이다. 그러나 나는 바다가 어떤 모습이든 중요하지 않았다. 우리
가 육지 끝까지 달려왔다는 사실만으로 충분히 흥분되었다.

바다를 건넌다는 설레는 기분을 음미할 겨를도 없이 순식간에 남해 땅에
닿았다. 뒤돌아볼 새도 없이 육지의 비구름에서 도망쳐 나왔기 때문이다.

갯벌체험행사는 남해군 삼동면 지족마을에서 열린다. 지족마을은 창선
교를 건너 좁고 물살이 센 지족 해협을 끼고 들어앉은 바닷가 마을이다.
이 마을의 앞마당 격인 지족 해협에는 지금도 원시인들이 물고기를 잡던
방법 그대로 멸치잡이를 하는 죽방렴이 있다. 바다 가운데 부채꼴 모양으
로 꽂아놓은 대나무 그물 안으로 들어온 멸치가 제 갈 길을 찾지 못하고 꼼
짝없이 걸려든 것인데, 일반 그물로 잡은 멸치보다 두 배는 비싼 값에 팔

남해군 삼동면 지족마을 앞바다의 무인도로 통통배를 타고 들어가 바지락을 캤다.
세 모녀가 캔 바지락만으로 이틀 동안 배불리 먹었다. 이곳 지족 해협은 원시인들이 물고기를
잡던 방법 그대로, 죽방렴 멸치잡이를 하고 있는데 대나무 그물을 꽂아놓은 바다 위로 해가 떨
어지는 풍경이 아름답다.

려나간다. 남해에서는 이곳 죽방렴에서 바라보는 노을을 으뜸으로 친다.

창선교를 건너니 다행히 비가 멎었다. 하늘은 여전히 잔뜩 찌푸린 얼굴로 낮게 드리워져 있었지만 그런 날씨에도 아랑곳하지 않고 갯벌체험행사는 성황을 이루었다. 쏙 캐기는 오천 원이고 바지락 캐기는 만 원씩인데, 바지락을 캐려면 통통배를 타고 바로 코앞에 보이는 농가섬이라는 무인도로 들어가야 했다.

"엄마, 쏙이 뭐야?"

"글쎄, 쏙하고 튀어나오는 건가 봐."

쏙은 개펄에 사는 가재인데 잡아도 어떻게 먹어야 할지를 몰랐다. 그래서 우리는 바지락 캐기를 선택했다.

체험비를 내면 우비와 장화, 호미와 바구니를 하나씩 챙겨준다. 한바라가 어리다고 우리는 두 사람 몫만 받는다. 인심도 후하다.

열 명 정도가 겨우 탈 수 있는 작은 배인데, 사람이 많아서 열댓 명씩 태워 출발했다. 섬까지 가는 데 채 오 분도 걸리지 않았지만 손에 바닷물이 닿을 정도로 주저앉은 배를 타고 가자니 무서워서 진땀이 났다. 정원 초과로 배가 뒤집히지는 않을지 노심초사하고 있던 내 앞으로 갑자기 뭔가 '철썩' 하고 떨어졌다.

"엄마야!"

소리부터 지르고 보니 팔뚝만 한 물고기 한 마리가 배로 뛰어오른 것이었다. 펄떡이는 녀석을 앞에 앉은 할머니가 냉큼 잡아서 바구니 안에 집어넣는다. 저녁상에 숭어회가 절로 굴러들어왔다고 야단들이었다. 내가 잡을 용기만 있었다면 바다에 놓아주고 싶었는데.

무인도라는 농가섬은 조개를 캐러 온 사람들로 북적대고 있었다. 물이 빠진 개펄은 호미로 난도질당해 무참히 파헤쳐져 있었다. 예전에 서해안 서천 부근 개펄에서 조개를 캐본 경험이 있지만 워낙 신통치 않아서 이번에도 크게 기대하지 않았다. 그냥 놀이 삼아 뒤적거리다 올 텐데 너무 큰 통을 나누어준다고 생각했다. 그런데 이게 웬걸, 호미를 대기만 해도 바지락이 쏟아져 나왔다.

"와, 엄마, 굉장하다. 우리 이거 캐다가 '황도칼국수'에다가 팔아도 되겠다."

우리가 가끔 찾는 집 근처 바지락칼국수집을 두고 하는 소리다.

"이걸 어떻게 가져가. 내일까지 다 못 먹으면 상해."

"그럼 밥 안 먹고 바지락만 먹어도 배부르겠네."

사람들은 마치 금이라도 캐는 것처럼 그악스러워 보일 지경으로 바지락 캐기에 몰두해 있었다. 그것에 비하면 우리는 소꿉놀이 수준이었다.

"이렇게 작은 거는 도로 놔주자. 잡아도 먹을 게 없어."

"그래, 새끼는 불쌍하잖아."

다른 사람들은 통이 넘치자 아예 우비를 벗어 주워담았다.

"우린 이제 그만 하자. 지금도 너무 많다."

"에이, 아빠만 있으면 더 많이 캘 수 있는데……. 아깝다."

나는 점점 더 욕심이 생기는 아이들을 달랬다.

"아쉬울 때 그만둬야 진짜 재미있는 거야."

우리는 도저히 다 먹을 자신이 없어서 통 안에 8부 정도만 바지락을 채워 섬을 빠져나왔다. 죽방렴 너머로 해가 떨어지려 하고 있었다.

남해에서
3번 국도는 끝나고

물건리에서 미조항까지 어깨 너머로 바다를 끼고 달리는 물미 해안도
로는 3번 국도의 끝을 향해 이어져 있었다. 그 아름다운 길이 시작되는 물
건리에는 어부방조림이라는 신성한 마을 숲이 있다. 이른 봄 아직 나무에
새순이 돋기도 전에 와본 적이 있는데, 그로테스크한 겨울나무는 육감적
이었다. 뭐랄까, 거대한 생명체의 본질을 마주 대하는 느낌이랄까. 그 앞
에서 나는 절로 엎드려 머리를 조아리고 싶었다. 나는 불상이나 십자가보
다는 그렇게 오래된 나무에서 더욱 위대한 신성을 느낀다. 그때 이 숲의
여름을 보기 위해 꼭 한 번 다시 오겠다고 다짐했었다.

"이 마을을 지켜주는 신성한 숲이래. 그래서 겨울에 땔감이 모자라도
이 숲은 절대 건드리지 않았대."

나는 할 수만 있다면 이 숲에서 가장 오래된 나무 둥치에 기대 하룻밤
을 묵고 싶었다. 그렇지만 아이들에게는 너무 끔찍한 일처럼 느껴졌다.
더구나 이 숲은 그 안에 들어갈 수 있게 해준 것만으로도 황송하게 여겨
야 할 천연기념물이었다. 소나무 일색인 바닷가 방풍림들과 달리 이곳은
삼백 년 이상 된 이팝나무와 팽나무, 느티나무, 상수리나무 같은 활엽수
들이 바다를 향해 빽빽하게 울을 두르고 있다. 해안도로가 거의 다 동강
나버린 태풍 루사가 밀어닥쳤을 때도 이 숲은 건재했다. 오랜 세월 모진
바닷바람을 순하게 걸러내느라 얼마나 많이 부대끼고 흔들렸을까. 그 신
산스러운 세월의 무게가 나무에 고스란히 새겨져 있었다.

나무의 나이가 백 년 단위로 높아지면 더 이상 높이 자라는 데는 의미

가 없어지는 것 같다. 사람의 등이 굽는 것처럼 나무도 세월의 무게에 짓눌려 쭈그러드는 느낌이었다.

"엄마, 배고파. 우리 저녁은 어디서 먹어? 잠은?"

숲 앞쪽 바다에서 불어오는 높은 파도소리 그리고 숲을 뒤흔드는 바람소리, 웅웅 쏴와 쏴 철썩…… 공포영화에나 어울릴 음산한 효과음들 속에 엄마 혼자 취해 있을 때, 딸들은 현실적인 고민을 하고 있었다.

그래, 달리자. 우리를 여기까지 부른 3번 국도의 끝을 봐야지. 수평선 위에는 무겁게 내려앉은 잿빛 하늘이 바다도 하늘도 아닌 것처럼 흔들리고 있었다.

'엄마, 이제 우리 어디로 가지?'

"저기다!"

미조항을 목전에 두고 '국도 3호선(남해-초산) 시점'이라는 초록색 도로표지판을 만났다. 3번 국도는 표지판 하나 덩그러니 남겨두고서 19번 국도와 만나며 긴 여정에 장렬하게 종지부를 찍고 있다. 무슨 마라톤 완주메달 같은 걸 기대한 건 아니지만 왠지 쓸쓸하고 허전했다. 아이들과 함께 고생한 우리 차를 렌즈 속에 넣고 기념사진을 찍었다.

빠른 길로 달리면 다섯 시간이면 족히 올 수 있는 이 길이 특별할 이유는 달리 없다. 다만 우리 집 문 앞에서부터 이어진 길을 따라 끝까지 왔다는 것이 중요했다.

드디어 3번 국도는 끝났다. 남해에서 평안북도 초산까지 이르던 길이니 이 길도 북쪽에 이산 가족을 두었다. 무슨 마라톤 완주 메달을 기대한 것은 아니지만 이곳에 오니 왠지 허전했다. "엄마, 우리 이제 어디로 가지?" 딸들이 아니라 마치 길이 내게 묻고 있는 것 같았다.

차를 타고 다니면서 무심코 지나치는 도로표지판의 번호가 모두 시작과 끝이 있고 저마다 다른 사연과 풍경과 역사가 담긴, 살아 있는 길의 이름이라는 걸 아이들에게 알려주고 싶었다. 그래서 언제고 집 앞 고샅길을 따라 밖으로 나가게 되면 세상의 모든 길들이 연결되어 있다는 것을 보여주고 싶었을 뿐이다. 3번 국도는 앞으로 딸들에게 펼쳐지게 될 수많은 인생길의 예고편일 수도 있다. 결코 연습이라곤 없는 인생이지만.

"엄마, 우리 이제 어디로 가지?"

딸들이 아니라 마치 길이 내게 묻고 있는 것 같았다.

미조항 앞 식당에서 싱싱한 갈치구이 백반으로 저녁을 먹었다. 미조항에는 미나리를 넣고 고추장에 새콤달콤 무치는 갈치회무침이 유명한 식당들이 있다. 남편이 있었다면 갈치회무침과 함께 술을 마시며 항구의 밤을 즐겼을 것이다.

"내 여 방 싸게 해줄게. 비도 오는데 멀리 가지 마소."

식당 아주머니의 친절에 답하기 위해 같은 건물에 딸린 여관에 따라들어가 보았다. 어두컴컴한 복도를 지나 싸구려 벽지를 바른 퀴퀴하고 좁은 방이 나타났다. 문고리의 손잡이도 부실하고 욕실 타일이 서너 개 떨어져나가 있었다. 포구와 선술집의 막걸리…… 뭐 이런 이미지들과 어울릴 법한 심란한 여인숙이었다. 마치 《삼포 가는 길》에 나오는 무대 같은 곳. 나는 아직도 이런 데가 있구나 싶어 피식 웃음이 나왔다. 이런 곳에서 체험 삼아 자보는 것도 괜찮겠다 싶었는데 아이들이 난리였다.

"엄마, 무서워."

"여기서 자기 싫어. 차라리 텐트에서 잘래."

결국 비 내리는 어두운 밤길을 30분 이상 더 달려 깨끗한 모텔에 여장을 풀었다. 모처럼 따뜻한 물에 몸을 씻고, 비에 젖은 옷가지들을 빨고, 갯벌에서 잡은 바지락도 깨끗이 씻어 해감을 시켰다. 우리를 따라다니던 비구름들도 이제 좀 잦아들었으면 싶었다.

마로 이야기

오늘은 떠날 때부터 비가 많이 왔다. 그러려니 하고 진주성에 갔다.
관광안내소에서 꿈에 그리던 PC를 드디어 할 수 있었다. 내 싸이월드에 친구들이 여행 잘 다녀오라고 글을 남겨 주었다. 친구들이 보고 싶어졌다. 지원이, 재윤이, 아라, 평강이, 예지 다들 못 본 지 너무 오래됐다. 언제 다시 갈지 모르는 내 미니홈피를 남겨두고 진주성으로 갔다.

두고두고 잊지 못할 길 위의 밥상

우리가
얻은 것과 잃은 것

2년 전 여름휴가 때, 아이들을 외할머니에게 맡겨놓고 남편과 남해에 왔었다. 배낭만 맨 채 시외버스를 타고 먼 길을 떠나와서인지 마치 연애 시절로 되돌아간 기분이었다. 그때도 태풍이 남해안을 덮쳤다. 상주 해수 욕장에서부터 비바람을 뚫고 금산 꼭대기에 올랐다가 다시 해안으로 내 려와 겨우 택시를 잡아타고 미조항까지, 그리고 다시 버스를 타고 태풍에 뒤집어질 것처럼 요동치는 해안선을 따라 남해 읍내까지 갔었다. 그때 우 린 이런 얘기를 주고받았다. 이십 대에 연애할 땐 버스만 타고도 광릉이니

치악산이니 마음만 먹으면 어디든 갔는데 그때에 비하면 차도 있고 훨씬 가진 게 많은데도 마음의 여유는 없어진 것 같다고. 버스 안에서 고무 함지를 부려놓은 마을 아주머니들을 보자니 제 차에 식구들을 싣고 다닌 뒤로 이웃과 만날 기회가 점점 드물어졌다는 사실도 새삼 깨닫게 되었다. 그날 밤, 우리는 남해 읍내 시장통 골목식당에서 잡어회 안주와 함께 소주병을 비우며 우리가 얻은 것과 잃은 것들에 대해 오랫동안 이야기했다. 태풍이 몰고온 장대비가 식당 유리창을 뒤흔들고 있었다.

그해 남편과 묵었던 숙소를 찾느라 한참 동안 밤길을 헤맸다. 창 밖에 눈부신 바다가 펼쳐져 있던 기억 때문이었다. 그때는 지은 지 얼마 안 된 새 건물이었는데 그새 많이 낡아 있었다. 아이들과 자고 나니 비는 멎어 있었다. 텔레비전 뉴스에서 지난 밤 우리가 지나온 산청과 사천 지역의 물난리 피해를 보도하고 있었다. 사천은 곳곳에 도로가 끊겼다고 했다. 남해 섬 전체를 휩쓸고 지나간 비구름이 육지로 상륙하고 있을 때 우리는 바다를 건너 이곳에 들어온 것이다.

전날 우리가 잡은 싱싱한 바지락으로 국을 끓여 아침을 먹고 싶었지만 숙소에서는 취사를 할 수 없었다. 야외 베란다가 있어 딱히 못할 것도 없었지만 어젯밤 우리 짐을 본 주인 아주머니가 눈을 치켜뜨면서 실내 취사는 안 된다고 못을 박았기 때문이다. 차라리 바닷가 민박집으로 갈 걸 잘못했다고 후회했지만 너무 늦은 시간이었다. 방 안에까지 따라와서 감시하지는 않겠지만 아이들 앞에서 규정을 어기는 모습을 보여주고 싶지 않았다. 결국 아침도 굶은 채 차를 몰고 숙소를 빠져나왔다.

비 그친 바닷가 도로변에는 쉬어갈 수 있는 탁자와 벤치들이 곳곳에 있
었다.

"우리 저기서 아침 먹을까?"

"길에서?"

"싫어? 바지락 싱싱할 때 빨리 먹어야지. 아침하는 식당 찾기도 힘들
고."

"엄마, 그래도 누가 길에서 밥을 먹어. 거지 같잖아."

아이들이 내켜 하지 않았다. 밥을 지어 먹기에 맞춤한 곳을 찾다 보니
어느덧 남해 읍내로 들어와버렸다. 할 수 없이 아침은 간단히 빵을 사먹
기로 했다. 시내 제과점에 들러 갓 구워낸 빵과 우유를 사서 다시 바닷가
로 달렸다. 비록 빵으로 때우는 아침이지만 경치 좋은 데서 먹자는 게 내
주장이었다.

오븐에서 갓 구워낸 빵 냄새는 달콤하고 푸근했다. 공장에서 똑같은 맛
으로 만들어져 전국의 매장으로 배달되고 매장에서는 단지 냉동된 빵을
굽기만 했으면서도, 마치 밀농사를 지어 스스로 제분하고 빵을 만들어 갓
구워낸 것처럼 우리를 유혹한다. 그러나 이 '신선한' 빵의 밀가루는 몇만
킬로미터 떨어진 이국의 들판에서 농약에도 잘 견딜 수 있도록 유전자가
조작된 씨앗에서 얻은 것이다. 농약을 뒤집어쓰고 자라나 수확된 뒤 하얗
게 표백하고, 또 바다를 건너오기 위해 방부처리된 것이 이 빵의 이력일
것이다. 그러나 길멀미가 나도록 오래 달려온 우리에게는 간편하게 한 끼
를 해결할 수 있는 빵의 유혹이 너무도 강렬했다.

모처럼 아침에 빵을 먹는데, 분위기 좋은 곳 찾자고 바닷가 제방으로 들어섰다가 폭우로 길이
끊어져 있어 애를 먹었다. 아이들 등 뒤로는 잔뜩 찌푸린 하늘 아래 태풍을 기다리는 바다가
일렁이고 있었다.

'걱정 마.
   차 빠지면 보험회사 부르면 돼'

남해읍을 빠져나와 이름 모를 바닷가 마을 길로 무작정 들어갔다. 논밭 사이로 뻗은 시멘트 포장농로를 따라가면 바다에 닿을 수 있으리라는 기대 때문이었다.

"어, 다리가 끊어졌다."

폭우 때문에 개천을 가로지르는 다리가 맥없이 주저앉아 있었다. 아침에 본 뉴스 속 피해현장들과 다를 바 없는 모습이었다. 차가 교행할 수 없는 좁은 농로에서 갑자기 길이 끊겨 당황스러웠다. 속력을 내서 달렸다면 그대로 물속에 고꾸라질 뻔한 것이다.

"엄마, 우리 이제 어떡해?"

"어떻게 하긴, 뒤로 가야지."

딸들은 엄마의 운전 솜씨가 염려스러운 것 같았다.

"걱정 마. 차 빠지면 보험회사 부르면 돼."

나는 좁은 둑길에서 아슬아슬하게 후진해 가까스로 차를 돌렸다. 그리고 겨우 바닷가를 찾아가 제방 아래 차를 세우고 늦은 아침을 먹었다. 따끈따끈했던 빵은 거의 다 식어 있었다.

이제 더 이상 3번 국도 이정표는 없다. 3번 국도를 염두에 두고 시작한 우리의 여행도 이제 새로운 국면으로 접어들고 있었다. 길은 끝나는 지점에서 또 다른 길들로 이어져 있었다. 우리에게는 이틀 뒤 고흥의 녹동항에서 떠나는 제주행 카페리호에 승선할 때까지 여유가 있었다. 그래서 남해에 들어올 때는 사천에서 창선·삼천포대교를 건너왔지만 나갈 때는 남해대교를 건너 하동으로 가기로 했다. 하동의 섬진강변이나 조금 더 서쪽으로 가서 순천이나 벌교에서 하루를 묵을 계획이었다. 이제부터는 틈틈이 지도를 보면서 길을 선택해 가야 하는 고달픈 운전이 시작된 것이다.

남해대교를 건너기 직전 설천면 노량리에 있는 충렬사에 들렀다. 주차장에 차를 세우고 충렬사 앞에 정박해 있는 거북선을 관람하는 동안 비에 젖은 텐트 플라이를 말리기로 했다. 바람이 불어 차를 덮은 플라이가 거대한 연처럼 펄럭였다. 오늘은 다시 텐트를 쳐야지.

충렬사에서 600여 미터 남짓한 거리에 있는 맞은편 육지 땅은 하동군 금남면 노량리다. 뭍의 노량과 섬의 노량 사이로 흐르는 바다가 노량해전의 현장이다. 노량 앞바다에서 전사한 이순신 장군의 유해는 근처 고현면 차면리에 있는 이락사에 처음 안치되었고 이곳 충렬사를 거쳐 아산 현충사로 옮겨졌다. 예전에 가보았던 이락사에는 사당 뒤편으로 울창한 소나무숲 사이 고즈넉한 오솔길을 따라 걸어가면 탁 트인 바다를 내려다볼 수 있는 운치 있는 정자가 있었다. 그러나 충렬사는 남해대교를 마주 바라보는 언덕에 있어서 가파른 계단을 올라가야 했다.

"이순신 장군이 진짜 여기 묻혀 있어?"

"아니, 여기 묻혔다가 현충사로 옮겼어. 여기는 가묘가 있어."

"가짜라고?"

아이들은 가묘에 대한 설명을 듣자 힘들게 올라온 게 억울하다는 표정이다.

그냥 계단에 앉아 노량 앞바다를 바라보는 게 더 나을 수도 있었다. 노량은 뭍에 있는 사람들이 남해로 귀양을 갈 때 이슬방울처럼 작은 나룻배들이 다리 역할을 했다고 해서 붙여진 이름이다. 배에서 내려 돌아서면 또 이슬처럼 금세 사라져버리던 다리. 섬과 육지는 손에 잡힐 듯 가까이 있었지만 그 사이를 가르는 좁은 물살은 세차고 험난해서 이승과 저승만큼이나 멀게 느껴지지 않았을까. 그러나 이슬로 만든 다리라는 섬약한 이름과 달리 지금은 거대한 강철 현수교가 허공을 가로질러 길을 내고 있다. 우리는 그 길을 따라 다시 뭍으로 들어왔다.

하동 땅에 들어서면서 바로 섬진강을 만났다. 3번 국도를 따라 달릴 때는 이화령터널로 백두대간을 넘은 뒤부터 줄곧 낙동강에 기대 사는 마을을 지나왔었다. 그러나 지금 우리를 인도하는 길은 바다로 나아가는 섬진강 물길을 거스르고 있다. 이 길은 남해 미조에서 출발해 강원도 원주까지 이어지는 19번 국도다. 그러나 이제 우리에게 국도 번호 따위는 중요하지 않다. 더 이상 무작정 길 번호만 보고 쫓아갈 수는 없었다. 섬진강을 끼고 달리는 이 아름다운 길도 강 건너 전라 땅으로 들어가는 다른 길을 만나는 순간 버려야 한다. 내일 저녁에는 고흥에서 여름휴가가 시작되는 남편을 만나기로 했다. 이제부터 길은 그 자체로 목적이 아니다. 고흥에 도달하기 위해 가장 빠르고 편한 '수단'으로서의 길을 찾아야 한다. 나 같은 '길치'에게는 이것이 또 하나의 수난일 수 있다.

그런데 왜일까. 벌써 끝이 보이는 느낌이다. 제주도일주를 하고 마라도까지 아직도 긴 여정이 남아 있는데 말이다. 여자들끼리만 보낼 시간이 얼마 남지 않아서일까. 일에 쫓기지 않고 온전히 아이들과 함께 있는 것 자체에만 열중하고 싶었던 소망대로 나는 과연 그 시간에 몰입했던가. 아무리 화를 낼 일이 있어도 두 번 세 번 참고, 아이의 눈높이에서 이해해보자고 혼자 다짐도 많이 했었다. 그러나 나는 여전히 내 기준을 고집하며 아이들에게 강압적으로 행동하지는 않았는지.

'엄마, 나도 힘들단 말이야'

하동포구공원은 울창한 소나무숲 너머로 유장하게 흐르는 섬진강 물길이 바라보이고, 넓은 주차장과 깨끗한 수도시설과 화장실까지 갖춰져 있어 야영객에게는 최고의 쉼터였다. 그런데 그 좋은 장소에서 뜻하지 않은 사건이 터졌다. 김천에서 장을 볼 때 아이들 성화에 못 이겨 산 '스팸' 한 통이 화근이었다. 나는 줄곧 햄을 달라는 아이들의 요구를 무시하고 있었다. 가능하면 인스턴트 음식을 먹이지 않으려고 마음먹었기에 자꾸 핑계를 대면서 '나중에, 나중에' 하며 미루고 있었다. 두 개뿐인 가스버너에 밥과 국을 끓이고 나면 식사 준비가 끝나는데 굳이 프라이팬을 꺼내 햄을 굽는 것이 번거롭기도 했다. 원래 이동 중에는 점심을 사먹는 것을 원칙으로 했었다. 그러나 오늘은 남해에서 잡아온 바지락 때문에 낮에도 밥을 지어 먹게 되었다.

"너무 정신없다. 그냥 점심엔 바지락이랑 먹고 햄은 이따 저녁에 먹자."

그러나 마로는 이미 삐쳐버렸다. 불러도 대답하지 않고 심부름을 시켜

남해 충렬사 앞. 이순신 장군이 숨을 거둔 노량 해협에 평화롭게 정박해 있는 관광용 거북선 안에서 뭍의 노량과 섬의 노량마을을 이은 남해대교를 바라보았다. 우리는 이 다리를 건너 섬진강을 거슬러 올라갔다.

도 계속 짜증만 부리더니, 끝내 동생을 울리기까지 했다. 차 안에 우겨넣었던 짐들을 꺼내 햇볕에 말리느라 정신이 없었던 나는 비 온 뒤 찾아온 무더위 때문에도 짜증이 난 상태였다.

"너 자꾸 왜 그러는데!"

"……."

"동생 못살게 굴고 엄마한테는 자꾸 짜증만 내잖아! 뭘 하자고 해도 무조건 싫다고만 하고. 이게 벌써 몇 번째야?"

결국 버럭 소리를 지르고 말았다.

"도대체 뭐가 불만이야? 얘기해 봐. 아니면 여행이고 뭐고 집어치우고 집으로 가자."

해서는 안 될 말까지 뱉어버렸다. 좀처럼 화를 내지도 않았지만 이왕 시작하면 아예 기선을 제압해야 한다는 계산도 있었다.

"너, 엄마가 얼마나 힘든 줄 알아? 너희랑 같이 있고 싶어서 얼마나 힘들게 준비한 여행인데 계속 짜증만 부리고 이게 뭐야."

이번엔 아이의 마음을 할퀴는 말까지 서슴지 않았다.

"호텔에서 자고 맛있는 것만 사주고 그런 편한 여행이 아니라서 그러는 거야?"

그러고는 눈물까지 찔끔 내보였다. 아이들에겐 엄마의 눈물보다 더 무서운 것은 없다. 아이들의 표정이 돌변했다. 결국 이 대목에서 마음 약한 마로가 펑펑 눈물을 쏟기 시작했다.

"엄마, 나도 힘들단 말이야. 맨날 텐트 치고 옮겨다니기도 너무 힘들단 말이야."

나야 집 나오면 고생이란 걸 훤히 알면서도 여행을 계획하고 떠나왔지만, 아이들은 자신들이 어떤 과정을 겪게 되리라는 것을 충분히 알지도 못한 채 엉겁결에 따라나선 것이나 마찬가지였다. 가는 곳마다 뭔가 특별하고 신나는 일만 가득할 줄 알았지만 하루하루가 힘겨운 행군처럼 여겨졌을 수도 있을 터였다. 설상가상으로 비구름까지 우리를 쫓아다니며 괴롭혔다. 이제껏 잘 참아준 것만으로도 대견한 일인데 나는 그만 감정의 평형을 잃고 버럭 화를 내고 말았다. 울고 있는 마로를 보니 미안했다. 이제 초등학교 5학년일 뿐인데 언니라는 이유만으로 늘 양보를 강요당하고 아이스크림을 사달라거나 PC방에 데려가달라는 정도의 요구도 거절당하기 일쑤였다.

길 위로 아이들을 끌고나온 것도 아이들에게 특별한 기억을 남겨주겠다는 명분을 핑계로 나 자신이 답답한 일상에서 무작정 도망치고 싶었던 것이 아닐까. 정작 아이들이 없었다면 혼자서는 엄두도 내지 못했을 여행인데 말이다.

"이리 와. 엄마가 소리 질러서 미안해."

"아니에요, 엄마. 제가 잘못했어요."

이렇게 해서 신파영화 같은 한 장면이 끝났다. 나는 어느새 엄마의 어깨 높이까지 키가 자라 있는 큰딸을 끌어안았다. 그러고는 엄마와 언니의 싸움을 지켜보며 잔뜩 풀이 죽어 있던 둘째를 불러 세 모녀가 다시 한 번 꼭 부둥켜안았다.

딸아이의 눈물이 마를 무렵 잔잔하던 섬진강 강물 위로 다시 빗방울이 떨어지기 시작했다. 코펠 속 밥이 막 뜸이 들려던 차였다. 지붕이 있는 정자에서 점심 준비를 하고 있었지만 금세 비바람이 들이치기 시작했다. 우산을 펼쳐서 가스버너 주변을 막아보았지만 그 우산마저 뒤집힐 지경이었다. 지나가는 비 치고는 그 기세가 너무 거셌다. 지붕이 있어도 옆으로 들이치는 빗줄기 때문에 옷이 젖고 있었다.

"안 되겠다. 너희는 차 안으로 들어가라."

"엄마는?"

"엄만 이거 정리해서 가지고 들어갈게. 점심은 차 안에서 먹어야겠다."

와이퍼를 가장 빠르게 움직여도 앞이 제대로 보이지 않을 정도로 빗줄기가 굵어졌다.

"번개 칠 때는 차 안이 제일 안전하대. 그러니까 걱정하지 마."

나는 아이들을 차 안에 데려다주고는 밖으로 나와 코펠과 버너 등을 챙겼다.

그리고 5~6인용 큰 코펠 한가득 끓인 바지락국이 적당히 식을 때까지 기다렸다가 차 안으로 가지고 들어갔다. 자칫 좁은 차 안에서 국물을 쏟으면 화상을 입을 수도 있는 상황이었다.

"짜잔! 우리가 식탁을 차려놨어요."

아이들은 앞자리 조수석 의자를 뒤로 젖히고 그 위에 식탁보랍시고 비치 타월까지 깔아놓고 있었다. 차창 밖으로는 천둥과 번개가 치고, 앞이 보이지 않을 정도로 쏟아지는 빗줄기는 다시 섬진강 물을 불리고 있었다. 비에 젖은 세 여자가 자동차 안에 쪼그리고 앉아서 깔깔거리며 전날 갯벌에서 잡은 바지락으로 배를 채웠다. 두고두고 잊지 못할 행복한 밥상이었다. 한바탕 눈물을 뽑아내고 난 뒤라 그 지겹던 빗줄기마저 시원하게 느껴졌다. 바지락도 쫄깃하고 국물은 속이 후련해질 정도로 시원했다.

순천 기적의 도서관에서
꿀맛 같은 휴식

하동에서 순천까지는 길을 찾아 헤매느라 애를 먹었다. 몇 번씩 차를 세우고 길을 물어야 했다. 마로가 초등학교에 입학한 지 며칠 지나지 않아 일기장에 '노도 없이 배를 저어가는 기분'이라고 학교생활에 대한 고단함을 표현한 적이 있었다. 3번 국도를 벗어난 뒤의 여정 역시 그런 기분을 느끼게 했다. 오늘은 또 어디에 텐트를 칠까. 이런 고민도 슬슬 지겨워지기 시작했다.

"기적의 도서관이다!"

순천 시내 도로표지판을 보고 아이들이 보물이라도 찾은 것처럼 소리를 질렀다. 지쳐 있는 아이들에게 선물이 필요한 시점이었다. 동명초등학교 옆에 있는 기적의 도서관은 외관부터 아이들의 혼을 쏙 빼놨다. 유리창이 많은 키 낮은 2층 건물이 감각적인 디자인으로 설계되어 있었고, 마루를 깐 실내는 어린이의 눈높이에 맞춘 세심한 디자인들이 돋보였다.

"엄마, 우리 여기 몇 시까지 있을 거야? 문 닫을 때까지 있으면 안 돼?"

아이들은 들어오면서부터 금방 나가자고 할까 봐 걱정이다. 여행 떠나올 때 각자 다섯 권 이상은 책을 챙기지 못하게 한 터라 이미 서로의 책을 바꿔 보고도 되풀이해서 읽느라 지겨워하던 차였다.

"너무 늦으면 또 텐트 치면서 고생해야 돼. 지금 세 시니까 딱 한 시간만 있자."

아이들에게는 너무 야속하게 짧은 시간이었다. 도서관에는 엄마와 함께 온 아이들로 가득했다. 휴가철이라 그런지 더러 아빠들의 모습도 눈에 띄었다.

나는 지금의 독서교육 열풍에 격세지감을 느낀다. 교과서와 《수학의 정석》과 《성문종합영어》가 아닌 다른 모든 책들은 학업을 방해하는 훼방꾼 취급을 받던 고등학교 시절에 대한 기억 때문이다. 책 읽기를 권장하는 데 그치지 않고 논술이니 글짓기니 독서지도가 또 하나의 사교육 열풍에 휩싸인 현실을 보면 세상이 나아지긴 한 것인지 조금 아리송할 때가 있다.

1980년대 중반 수원에서 여고를 다닌 나는 남학교 학생들과 독서토론회 활동을 했다. 그런데 당시 대학생들이 고등학생에게 시국에 대해 설명하는 편지를 보낸 이른바 '고등학생의식화편지사건' 때문에 곤욕을 치렀다. 자라 보고 놀란 가슴 솥뚜껑 보고도 놀란다고, 학교에서는 무조건 대학생과 연결된 모든 서클활동을 금지시켰다. 우리 서클은 한 달에 한 번 빵집에 모여 우유와 곰보빵을 먹으며, 김동인의 《광염소나타》나 까뮈의 《이방인》 같은 소설을 읽고 감상을 나누는 게 고작이었다. 그런데 단지 가끔씩 대학생 선배들이 찾아와 빵을 사준다는 이유만으로 우리도 의식화 서클 누명을 썼다. 교무실로 불려가 모임을 탈퇴하지 않으면 퇴학을 각오하라는 엄포까지 받았다.

"이 녀석들, 학생이 공부는 안 하고 무슨 독서냐!"

그때 선생님들은 아무런 거리낌 없이 이렇게 말했다.

당시 우리들은 입시에 대한 압박감에서 벗어나려고 책을 읽었다. 《수학의 정석》 대신 소설책을 읽는다는 게 고지식한 친구들에게는 일종의 반항처럼 받아들여지던 시절이었다. 그런데 이제는 영혼의 해방구인 독서마저 경쟁의 궤도에 진입하고 말았다. 심지어 요즘 대학생들은 취업에 대비해 '좋은 성격'을 위한 과외 공부까지 한다지 않는가. 나는 요즘의 독서교육 열풍을 탐탁지 않게 생각한다. 특히 어른들의 기준에 따라 '양서목록'을 정해놓고 억지로 책을 읽히고 느낌을 말하도록 강요하는 독서지도는 왠지 숨이 막히는 기분이다.

그래서 나는 아이들에게 책을 읽고 뭘 느꼈느냐고 물어보지 않는다. 말해주고 싶도록 강렬한 느낌은 묻지 않아도 저절로 이야기할 테니 말이다.

"아빠, 여기 도서관 짱 좋아. 우리 여기로 이사 오자, 응?"

도서관에서 좀처럼 나오고 싶어하지 않던 아이들은 아빠에게 전화를 걸어 한동안 수다를 떤다. 그리고 내게 이렇게 졸랐다.

"엄마, 나 이 학교에 다니고 싶어. 학교 옆에 바로 도서관이니까 얼마나 좋아. 우리 순천에서 살자. 응?"

'여자들끼리 무서울 텐데 워찌 잘라고 하시오'

마을마다 들어가 그 땅에 발 딛고 걸으며 저마다 다른 인정을 느끼기에는 우리에게 주어진 일정이 너무 짧았다. 순천에서는 낙안읍성과 아름다운 절집 선암사와 송광사가 있는 조계산도 우리를 붙잡지 못했다. 소설

《태백산맥》의 무대인 벌교 땅도 그냥 차창 밖으로 스쳐 지날 수밖에 없어 안타까웠다. 소화다리며 술도가집이며 고스란히 남아 있을 것 같은 거리 풍경이었다. 어차피 선택과 집중이 불가피한 터, 훗날을 기약할 수밖에 없었다. 우리는 남해안에 아슬아슬하게 매달려 있는 고흥반도를 향해 내달렸다. 내일 저녁이면 휴가가 시작되는 남편과 온 가족이 재회할 장소였다.

고흥 땅을 밟은 것은 처음이었지만 그곳 출신인 후배 때문에 잘 아는 곳에 온 것처럼 푸근하게 느껴졌다. 고흥에 들어서며 서울에 있는 그에게 전화를 걸었다.

"일단 도덕면으로 가쇼. 우리 형이 이장인디 딴 데 가지 말고 거 마을회관에 가서 주무시면 될 텡게."

찰진 전라도 사투리가 반갑고 정겨웠다. 그의 고향 마을회관에서 묵는다면 남도 사람들의 정을 흠뻑 맛볼 수 있을 것 같았다. 그렇지만 아이들이 동의하지 않았다.

"자고 일어나면 할머니, 할아버지들이 몰려와서 원숭이처럼 우릴 쳐다볼 거야. 싫어, 엄마. 딴 데 가서 자자."

할 수 없이 다른 잠자리를 찾아야 했다. 원래 고흥에서는 팔영산 자연휴양림이나 남열 해수욕장에서 텐트를 칠 계획이었다. 야영만 생각한다면 해수욕장보다 휴양림이 훨씬 편하고 아늑하다. 그런데 전화를 받은 휴양림 직원의 반응은 의외였다.

"오늘은 야영하는 사람이 하나도 없시요. 여자들끼리 무서울 텐데 워찌 잘라고 하시오."

고흥에 도착한 시간이 여섯 시 반이었다. 휴양림까지의 거리도 상당했다. 도착해서 텐트를 칠 시간이면 어두워질 것 같았다. 더구나 휴양림은 산 중턱에 있으니 해가 더 빨리 질 것이다. 결국 보수적인 선택을 할 수밖에 없었다. 남열 해수욕장에서는 여름 한 철 몽골 텐트촌을 운영한다고 했으니 야영객들이 많을 것 같았다. 조금 소란스럽더라도 덜 무서운 곳에서 자기로 했다. 그런데 길을 찾는 게 생각보다 쉽지 않았다. 땅거미가 깔리는 도로에 사람은커녕 지나다니는 차도 만날 수 없었다. 시골길이라 도로표지판도 자주 나타나지 않았다. 다행히 순찰차 한 대를 만났다.

"아저씨, 남열 해수욕장에 어떻게 가죠?"

"여서 꽤 먼데……. 가다 보면 깜깜해져서 길 찾기도 쉽지 않을 거고."

어둠이 빠르게 짙어지고 있었다. 가로등은커녕 온통 고만고만한 산과 들판뿐이라 딱히 위치를 설명하기도 힘들었다.

"일단 날 따라오시오잉."

한참 길을 설명하던 경찰관은 아예 안내를 자처했다. 그런데 문제는 도저히 순찰차의 속력을 따라가기가 힘들다는 것이었다. 앞선 순찰차는 도주 차량을 추격하는 듯 쏜살같이 달리는데 나는 좀체 속력을 낼 수 없었다. 더구나 도로는 시속 40킬로미터 제한 구간이었다. 설마, 순찰차 따라가는데 속도위반 단속을 하지는 않겠지. 그러나 시골길에서는 언제, 어디서 갑자기 동물들이 튀어나올지 모르기 때문에 긴장이 됐다. 더구나 밤중에 인도도 없는 찻길을 따라 걷는 보행자라도 만나면 큰일이겠다 싶었다. 그러나 도로 위에는 개미 한 마리도 얼씬거리지 않았다. 우리는 순찰차의 호위를 받으면서 어둠 속으로 한참을 달렸다.

배는 고프고, 날은 더 어두워지고, 빗방울도 오락가락했다. 아이들은 해수욕장에 몽골 텐트촌이 있다는 말에 잔뜩 기대를 하고 있었다. 시간이 너무 늦어서 텐트를 치는 것보다 훨씬 편할 것 같았다.

소나무숲 모래사장 위에 텐트촌을 만들어놓은 남열 해수욕장은 강릉이나 부산에 있는 해수욕장만 상상하던 우리에게는 너무 소박하게 여겨졌다. 외지의 관광객보다는 마을 주민들을 위한 놀이터 같은 느낌이었다. 몽골 전통가옥인 겔을 본떠 만들었다는 몽골 텐트촌은 비닐 장판을 깐 평상 위에 흰 비닐 천막을 덮고 전등을 하나씩 달아놓은 게 전부였다. 텐트를 준비하지 않은 피서객들에게는 쓸 만한 잠자리가 되겠지만 우리에겐 다소 실망스러웠다. 실내가 집 안처럼 밝고 넓은 것은 좋은데 네 귀퉁이를 지퍼로 여닫게 만들어놓은 것이 불안했다. 남들처럼 사방을 훌훌 터놓고 잘 수도 없었다.

"돈 아깝다. 그냥 우리 텐트에서 잘 걸."

아이들은 환하고 천장이 높은 몽골 텐트가 훨씬 더 무섭게 느껴진 모양이었다. 텐트를 치는 비용은 오천 원인데, 몽골 텐트 사용료는 이만 원이나 했다. 남해에서 여관비 삼만 원을 지불한 것을 제외하면 가장 비싼 숙박료인 셈이다. 더구나 출발할 때 찾았던 현금이 똑 떨어져 내 수중에는 달랑 만 원짜리 한 장만 남아 있었다. 해수욕장 주변에 현금인출기가 있겠거니 생각했지만 인적이 드문 바닷가에 그런 도회적인 시설이 있을 리 만무했다.

고흥반도 남열 해수욕장 바닷가에서. 동해 푸른 바다만 보아왔던 아이들에게 궂은 날씨 속 잿빛으로 물든 남쪽 바다는 낯선 풍경이었다. 선뜻 뛰어들 수 없었던 저 바다. 대신 우리는 고흥에서 배를 타고 저 바다를 건너 제주도로 들어갈 것이다.

"엄마, 내 비상금 줄게."

"마로 너 웬 돈을 다 가져왔어?"

"그냥, 꼭 필요할 때가 있을 것 같아서 저금통에서 꺼내왔어. 혹시 엄마라도 잃어버리면 집에 갈 차비가 있어야 하잖아."

"엄마, 나도 사천 원 있어."

아이들도 나름대로 긴 여행길에 무슨 일이 닥칠지 몰라 고심한 흔적들이 엿보였다. 아이들은 '무슨 무슨 살아남기'라는 제목의 만화책을 흥미롭게 읽은 탓인지, 실생활에서는 거의 사용할 일이 없는 사막에서 물을 구하는 법이라든가 빙하를 건너는 요령 같은 잡다한 서바이벌 매뉴얼들을 외우곤 했었다. 아무튼 두 딸이 만일의 사태에 대비해 준비했다는 비상금 만 사천 원을 보태서 겨우 빌린 잠자리치고는 실망스러웠다.

"엄마, 그냥 텐트 치고 그 돈으로 치킨 시켜 먹을 걸 그랬다."

한바라는 입맛을 다시며 못내 아쉬워했다.

마로 이야기

고흥에 가서 소설가인 성태 삼촌에게 전화를 해봤다. 성태 삼촌의 고향이 고흥이라고 했다. 전화를 하니 성태 삼촌이 자기는 지금 없지만 삼촌네 형이 동네 이장이라며 마을 회관에서 자라고 했다. 엄마는 그러자고 했지만 난 아침에 일어나면 머리맡에서 고스톱을 치고 계실 할머니, 할아버지의 모습을 생각했다.
그래서 우린 몽골 텐트촌에 가기로 했다. 그곳까지 가는데 친절하신 경찰관 아저씨가 길을 설명해주셨다. 한번 설명해주시면 되는데 그곳까지 안내를 해주셨다. 그런데 경찰 아저씨가 운전 수준이 스포츠카 수준이었다. 아무래도 속도위반인 듯하다. -_-;

알다가도 모를 아이들의 속마음

낯선 땅에서
20만 킬로미터를 돌파하고

아침에 일어나 비닐 천막을 걷으니 수평선 너머로 해가 떠오르는 게 보였다. 바다가 내려다보이는 전망 좋은 자리는 모두 몽골 텐트 차지였다.

"얘들아, 해 뜬다!"

그러나 아이들은 쉽게 일어나지 못했다. 어젯밤엔 잠자리도 불안한 데다 매점에서 틀어놓은 '트로트 메들리' 때문에 잠을 푹 잘 수 없었다. 더구나 옆 텐트에는 팔뚝에 문신을 한 젊은이들이 무슨 단합대회라도 왔는지 밤새 떠들며 놀았다. 그냥 깊은 산속에서 혼자 텐트를 치는 게 나았겠

다 싶었다. 안전이 문제라면 바닷가 텐트촌이나 도심 주택가나 산속 야영
장이나 마찬가지 아닐까. 캠프사이트를 정할 때마다 접근하기 편한 곳을
선택할지, 멀더라도 한갓진 곳을 선택할지를 두고 늘 고민하게 된다. 언
제나 편리한 것은 그만큼의 대가를 지불하게 한다. 나에게 편리한 것은
남들에게도 마찬가지일 테고 사람들이 모여들면 그만큼의 불편도 따라오
는 게 세상 이치일 것이다. 도시살이가 그렇지 않은가. 어차피 불편을 감
수하고 시작한 야영 여행인데 어젯밤 잠자리를 정할 때 내가 너무 몸을
사린 게 아닌가 싶었다.

먹구름 사이로 떠오르는 남쪽 바닷가의 일출은 싱거웠다. 굳이 잠을 깨
워 고단한 아이들의 단잠을 방해할 필요는 없을 것 같았다.

해가 머리 위로 떠오르자 금세 날이 후텁지근해졌다. 비구름이 물러가
고 본격적인 무더위가 기승을 부릴 모양이었다. 날도 더운데 힘들게 돌아
다니지 말고 그냥 해수욕장에서 쉴까도 생각해보았지만 파도가 높았다.
더구나 물에 들어가는 사람이 하나도 없었다.

"엄마, 바닷물이 너무 더러워."

"하늘이 잔뜩 찌푸려서 물 색깔도 그런 거야."

실망하는 아이들을 이렇게 달랠 수밖에 없었다.

"제주도 가면 아빠랑 물놀이 실컷 하자."

남열 해수욕장에서는 그저 비에 젖은 모래사장을 거닐며 조개껍질을
줍는 걸로 만족해야 했다. 그래도 아이들은 제 주먹보다 큰 소라고둥과
조개껍질들을 주우며 좋아했다.

남열 해수욕장은 고흥반도 동쪽 팔영산 끝자락에 있다. 팔영산은 여덟

개의 바위 봉우리가 일품인데, 그 그림자가 중국 황제의 세숫대야에까지 비쳤다는 전설이 남아 있는 산이다. 어제저녁 질펀한 이내가 들판에 깔려 갈 때 해수욕장을 찾아왔었다. 땅거미가 내려앉는 낯선 길을 불안한 마음으로 달리면서도 팔영산은 자꾸 힐끔힐끔 자신을 쳐다보게 만들었다. 저 산 때문에라도 언제 다시 고흥에 와야겠다고 생각했다.

우리는 팔영산의 그늘을 벗어나 고흥반도 서쪽으로 떠날 채비를 했다. 드넓은 초원 대신 바닷가 한 귀퉁이에 옹색하게 자리 잡은 그야말로 '무늬만' 몽골의 겔을 닮은 몽골 텐트촌을 떠날 시간이었다. 그래도 우리는 마음만이라도 초원을 달리는 유목민의 기상이 되어 다시 길을 떠났다.

아름다워서
더 눈물 겨운 섬 소록도

우리의 애마, 2000년 6월식 LPG 승합차인 레조는 이 낯선 땅 바닷가에서 기어이 총 주행거리 20만 킬로미터를 넘어서고 말았다. 40만 킬로미터를 돌파하고 장렬하게 폐차장에 갈 때까지 타는 것이 우리의 목표인데 이번 여행은 우리 차의 일생에서도 가장 큰 고빗사위일 것이다. 출발 전 타이어와 브레이크 패드, 벨트, 엔진오일까지 교환하고 새 단장을 했었다. 큰 고장 없이 지금껏 달려온 우리 차가 대견하고 안쓰럽게 여겨졌다. 나는 핸들을 잡을 때마다 정말로 살아 있는 말의 고삐를 잡는 것처럼 차에 대해 점점 더 친밀감이 깊어지고 있었다.

고흥 읍내로 나가는 길가에 나로도 우주센터로 가는 표지판이 보였다.

고흥반도에 연륙교로 연결된 나로도에는 우주센터 건설 준비가 한창이다. 이 고장 사람들은 고흥(高興)이라는 이름이 높게 일어난다는 뜻이니 우주센터의 인연도 그 이름에서부터 예견된 것이라 믿고 있다. 우주센터를 개발하고 이익이 창출된다면 과연 오랜 세월 고흥 땅을 지켜온 사람들에게도 그 몫이 나누어질 것인지. 2007년 완공을 목표로 분주하게 움직이는 공사차량들밖에는 이렇다 할 볼거리도 없는 내나로도까지만 들어갔다가 고흥 읍내로 다시 차를 돌렸다. 그러나 남열 해수욕장에서 나로도로 가는 해안도로의 풍경은 바다 위에 점점이 흩뿌려진 섬들의 그림자로 더할 나위 없이 아름다웠다.

고흥 읍내에서 은행에 들러 돈도 찾고, 시장에서 김밥이며 떡볶이 같은 걸 사먹으면서 낯선 거리를 어슬렁거렸다. '낯선 거리 어슬렁거리기'는 남편과 내가 오래 전부터 꿈꿔오던 여행의 테마였다. 낯선 말투와 분위기 속에 시나브로 끼어들어 군것질도 하고 꼭 필요하지 않은 물건을 사며 흥정도 하면서 거리를 느끼고 숨 쉬는 일. 거기에 여행의 참맛이 있다는 생각이었다.

한낮의 거리는 따가웠다. 아이들은 에어컨이 있는 고흥군립도서관에 가고 싶어했다. 나는 소록도에 가자고 했다. 우리는 결국 소록도에 갔다와서 도서관에 가는 것으로 타협을 했다.

소록도는 녹동항에서 15분 간격으로 배가 다니는데, 배를 타고 건너는 시간이 5분 남짓, 그렇게 손에 잡힐 듯 가까운 섬이다. 관광객들은 저녁 6시 이전에 모두 섬 밖으로 나와야 했는데, 한 시간 정도면 충분히 섬을 둘러볼 수 있다고 했다. 녹동항에 들어서서 주차장 아저씨의 호객행위에 이

소록도로 가는 배 안에서 녹동항을 바라보고 있다. 육지가 손에 잡힐 듯 지척인데도 한센병 환자들에게는 '당신들의 천국' 처럼 먼 곳이었다. 그런데 우리가 여행에서 돌아오고 한참 뒤, 2009년 3월 2일 소록대교가 개통되었다. 이제는 섬으로 가는 길이 한결 편해졌다. 우리는 소록도가 섬으로 오롯이 남아 있을 때 그 섬에 갈 수 있었던 것을 다행으로 생각한다. 섬에 새겨진 단절의 상처를 이해하기에는 한결 나은 방식이었다. 빠르고 가까워진 길이 치유의 지름길은 아닌 것 같다.

끌려 주차부터 했다. 알고 보니 배에다 차를 싣고 소록도로 들어갈 수도 있었다. 배에서 내리고 보니 다른 사람들은 모두 삼삼오오 짝을 지어 자기 차를 타고 휭 하니 섬 안쪽으로 들어갔다.

"엄마, 우리 도로 나가자. 너무 더워서 못 걷겠어."

가만히 서 있는 것만으로도 구슬 같은 땀방울이 맺혔다. 차라리 비가 그리웠다. 관광객들이 가장 멀리 들어갈 수 있는 중앙공원까지 갔다 오는데 왕복 한 시간. 태양이 가장 뜨거운 시간이라 나도 선뜻 엄두가 나지 않았다.

"그리고 나 무섭단 말이야."

"뭐가 무서워. 우리랑 똑같은 사람들인데."

아기 사슴을 닮은 아름다운 섬 소록도. 나는 아이들에게 소록도의 아름다움보다는 아픔을 보여주고 싶었다. 한센병 환자들 입장에서 보면 우리들은 '당신들의 천국'에서 온 사람들이다. 그런 우리가 불볕더위 속에서 한 시간쯤 걷는다고 크게 탈 날 일도 아니다.

"가도 가도 붉은 황톳길 / 숨 막히는 더위뿐이더라 (…) 가도 가도 붉은 황톳길 / 숨 막히는 더위 속으로 절름거리며 가는 길" – 한하운, 〈전라도길〉

우리는 버드나무 그늘 밑에서 신을 벗어도 한센병을 앓던 시인의 절규처럼 발가락이 뭉텅 떨어져나가지는 않을 것이다. 기껏 더위에 부대끼는 고통쯤이야 견딜 만하지 않겠는가.

그러나 채 10분도 못 걷고 결국은 지나가는 차를 불러세우고 말았다. 검은색 고급 승용차였는데 나이 지긋한 목사님과 친구 사이로 보이는 여자 분이 타고 있었다.

"너희는 정말 좋겠다. 엄마가 이렇게 멋진 여행도 시켜주시고. 평생 잊지 못할 추억이 되겠네."

목사님은 오랜 설교로 단련된 매끄럽고 낭랑한 음성으로 우리 여행에 덕담을 해주었다. 희끗희끗한 곱슬머리며 뿔테 안경, 음성까지 꼭 돌아가신 문익환 목사님을 닮아서 더욱 친근하게 느껴졌다. 만일 "이 더운데 고생스럽게 어떻게 그렇게 먼 길을……." 이런 식으로 이야기했다면 우리는 얼마나 풀이 죽었을까. 차에서 내려 자판기에서 음료수를 뽑아다 드리며 인사를 했다. 돌아갈 때도 당신의 차에 타라고 했지만 공연히 폐가 될 것 같아 사양했다.

'한센병은 낫는다'

중앙공원 입구에서는 일제 시대 소록도에 강제수용된 한센병 환자들의 보상청구 소송에 대한 서명을 받고 있었다. 휠체어에 앉아 서명을 받고 있는 노인들 역시 환자인 것 같았다. 나는 갑자기 세상 사람들의 편견에 대해 사죄라도 하듯 덥석 그 노인들의 손을 잡고 싶은 심정이었다. 그러나 노인들은 관광객들에 대한 배려인지 아니면 나무 그늘 때문인지는 몰라도 서명 용지를 올려놓은 탁자에서 멀찌감치 떨어져 앉아 있었다.

《당신들의 천국》을 읽은 것이 언제였을까. 그 가슴 아픈 책장을 덮으면서 언제고 한센병 환자를 만날 기회가 생기면 꼭 먼저 악수를 청하고 싶다는 생각을 했던 것 같다. 만약 내가 정말로 그렇게 했다면 어땠을까. 나의 '오버'는 상대를 난처하게 할 것이다. 그러나 이미 마음속으로는 뭉툭하게 문드러진 손을 마주 잡은 기분이었다.

무덤덤한 표정으로 내 손을 잡고 한센병 역사관이며 검시실, 환자 감금실 같은 곳을 구석구석 둘러보던 한바라와 달리 마로는 무섭다며 처음에는 전시관 안으로 들어가지 않았다. 그런데 돌아와서 쓴 일기는 전혀 딴판이었다. '소록도는 재미도 없고 정말 짜증나는 섬'이라고 한 한바라와 달리 마로의 일기는 자못 진지했다. 아이들의 속은 알다가도 모르겠다.

"엄마가 소록도에 가자고 했을 때 정말 싫었다. 아는 아저씨가 소록도에 다녀오신 뒤 나한테 해주신 이야기가 너무 무서웠기 때문이다. 소록도 주민들의 생김새, 생활 모습 모두 무서웠다. 그래서 배에서 내리자마자 엄마 손을 잡고 놓지 않았다. (…) 한센병은 옮지 않는다고 그랬는데도 나는 왠지 무서웠다. 그래서 박물관에도 못 들어갔다.

밖에서 혼자 엄마를 기다리는데 나무 밑에 앉아계시는 할아버지들이 나를 불렀다. 용기를 내서 걸어갔는데 서명운동에 참여해달라고 하셨다. 환자들에게 보상해달라는 그런 운동이었다. 이름을 쓰고 가려는데 할아버지들께서 나한테 몇 학년이냐, 어디서 왔냐 이런 걸 물어보셨다. 딱 대답하려는 순간 할아버지 몇 분은 한센병 환자라는 걸 알게 되었다. 손가락이 뭉텅한 분도 계셨고 눈썹이 없는 분들도 계셨다. 분명 엄마가 환자들은 보통 사람들 있는데 안 나타난다고 했는데…….

갑자기 쫄아서 도망가려다가 아무래도 도망가는 게 더 무서울 것 같아서 그냥 그 자리에 있었다. 근데 별로 다를 거 없는 인자하신 할아버지들

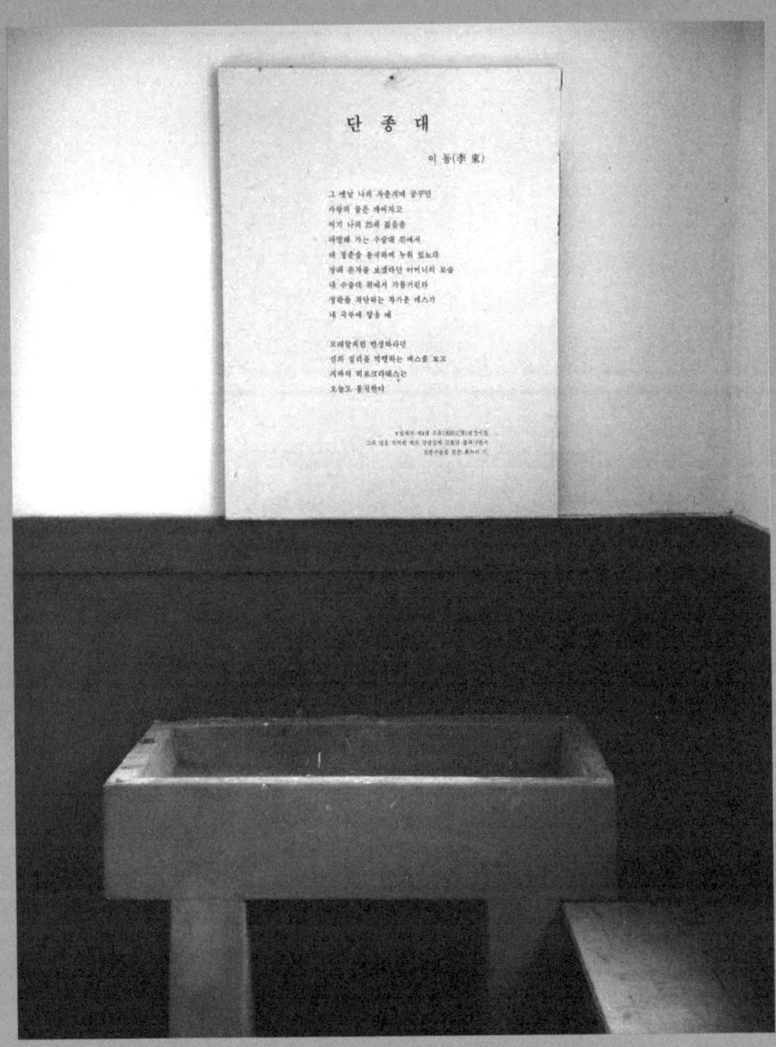

소록도에는 한센병 환자들 인권유린의 현장이 고스란히 남아있다. "그 옛날 나의 사춘기에 꿈 꾸던 / 사랑의 꿈은 깨어지고 / 여기 나의 25세 젊음을 / 파멸해 가는 수술대 위에서 / 내 청춘을 통곡하며 누워 있노라…" 일제시대 감금실에 갇혔다 풀려나면서 강제로 정관수술을 받은 한센병 환자의 시 〈단종대〉가 걸려 있는 검시실의 모습이다.

이셨다. 그제야 나는 긴장을 풀고 소록도를 돌아다니게 됐다. 우리 선생님은 가끔 남자애들이 숙제를 안 해오면 애들한테 "야, 이 문딩이 자식아"라고 말씀 하신다. 그게 소록도에 사는 사람들을 말하는 건지 방학이 끝나면 물어봐야겠다.

아무튼 그다음 옛날에 환자들을 치료하던 병원과 검사실 그리고 감옥에는 용기를 내서 들어갔는데 아무것도 없었다. 그래서 조금 서운했다. 소록도 환자가 쓴 시가 있었다. 슬픈 시였다. 다음에 소록도에 들르면 그때는 겁없이 다녀야겠다. 공원에 있는 천사 동상에 이런 글귀가 있었다. '한센병은 낫는다.'" - 마로의 일기

소록도에서 건너와 녹동항 앞에 있는 신축 모텔에 방을 잡았다. 아무 식당이나 골라서 저녁을 먹으러 들어갔지만 남도의 밥상은 우리를 배반하지 않았다. 간단한 백반을 시켰을 뿐인데 해물이 푸짐하게 들어간 찌개와 온갖 나물무침, 꼬막과 생선구이가 군침이 돌게 만들었다.

남편은 퇴근 후 서울에서 막차를 타고 내려와 밤 11시가 넘어서야 나타났다. 아빠를 기다리던 아이들은 이미 곯아떨어진 시각이었다. 우리가 8일 동안 여행하며 도착한 그곳까지 그는 다섯 시간 반 만에 달려왔다.

햇볕에 그을리고 눈빛은 깊어지고

녹동항에서 차를 싣고
제주도로

한바라는 아침에 눈을 떠보니 아빠가 있어서 집에 와 있는 줄 알고 깜짝 놀랐다고 했다. 아이들은 그간의 일들을 무용담처럼 늘어놓느라 바빴다. 매일 함께 다닌 우리들은 몰랐는데 남편 말로는 우리가 검게 그을었고 훨씬 건강하고 활력 있어 보인다고 했다. 딸들은 눈빛이 더 깊어져 어쩐지 '인생을 아는' 표정이 되었다고 했다. 가까이 있는 사람이 그렇게 바라볼 수 있게 된 것만으로도 우리는 괜찮은 여행을 한 게 아닐까.

그러나 나는 남편을 만나자마자 긴장이 풀린 것인지 전날까지 아무렇지도 않던 어깨가 쑤시고 피로가 몰려왔다. 운전대를 넘기는 순간 나의 모든 임무가 끝난 것 같았다.

제주도로 가는 배에 몸을 실으니 만감이 교차했다. 분명 육지에서 빠른 속력으로 멀어지고 있는데 왠지 집이 가까워오는 느낌이었다. 공간상의 거리는 멀어지고 있지만 돌아갈 시간이 가까워오기 때문일 것이다. 이제 집으로 돌아가면 더 이상 길 위의 시간들을 핑계로 일상의 일들을 회피할 수도 없을 것이다.

우리에겐 제주도로 배를 타고 간다는 게 생소한 일이었지만 의외로 많은 사람들이 배편을 이용하고 있었다. 우리는 서울을 기준으로 생각하는 것에 익숙하지만 남쪽 지방 사람들에게는 비싼 비행기보다 뱃길이 친근하고 가까울 게 분명했다. 우리는 좌석 배정이 따로 없는 3등 객실 표를 끊었다. 승객의 80퍼센트 이상이 우리 같은 사람들이었다. 반면 의자가 있는 1, 2등 객실은 텅 비어 있었다. 더러는 돈을 더 내고 객실을 옮기는 사람들도 있었다. 객실 안은 넓은 방을 바둑판 모양으로 나누어 통로를 내고, 물건을 보관하는 낮은 선반만 있는 카펫 바닥에 신발을 벗고 올라가도록 되어 있었다. 우리가 배 안을 구경하는 사이 경험 많은 사람들은 창가나 선반이 있는 쪽에 돗자리를 깔아 자리를 잡았다. 아예 베개까지 가지고 와서 자리에 드러눕는 사람도 있었다.

배편을 선택한 것은 우선 경제적인 이유 때문이었다. 우리 가족 네 명이 차까지 싣고 제주도로 들어가는 요금이 한 사람의 성수기 왕복 항공요금과 비슷했다. 배에 차를 싣고 가는 비용도 적지 않았지만 대신 운전자한 명의 뱃삯은 반값으로 할인해주었다. 그리고 비행기를 타고 한 시간

만에 훌쩍 제주공항에 내리는 평범한 여행은 나중에도 얼마든지 할 기회
가 있겠지 싶었다. 더구나 제주도와 마라도에서 제대로 야영을 하려면 차
를 싣고 바다를 건너는 것이 가장 합리적이었다. 여행 계획을 짜면서 이
사실을 알아내고 얼마나 짜릿했던지.

선실 바닥에 차량을 잔뜩 실은 카페리호는 그야말로 섬과 뭍을 이어주
는 탯줄 같은 것이기도 했다. 섬으로 가는 온갖 농산물과 새 차 등이 매일
뱃길을 통해 섬과 뭍을 이어주고 있었다.

저마다 다른
인생극장의 주인공들

3등 객실 안 풍경도 그 자체로 흥미진진한 구경거리가 되었다. 한 사람
한 사람이 저마다 다른 인생극장의 주인공들 같았다. 언제 우리가 이웃들
과 이렇게 소통해본 적이 있을까. 우선 신발을 벗어놓는 모습부터가 각양
각색이었다. 특히 자기 신발뿐 아니라 가족들 신발을 모두 가지런히 정리
해놓고 들어가는 아주머니를 보면서는 부끄러움을 느꼈다. 나는 한동안
사무실 책상머리와 메신저 닉네임으로 조고각하(照顧脚下) 즉, '네 발밑
을 먼저 돌아보라' 라는 말을 적어놓았지만 정작 자기 신발도 가지런히 놓
는 일에 게을렀다. 언제나 구호만 난무하는 내 삶을 씁쓸하게 돌아보게
된 것도 3등 객실 덕분이었다. 문득 차창을 통해서만 바깥풍경을 만나는
자동차 여행이 우물 안 개구리 같다고 여겨졌다. 한번쯤은 일부러라도 3
등 객실에 올라타 오랜 시간 바다를 건너며 이웃들과 부대낄 필요가 있겠

다 싶었다.

객실 안이 지루하고 답답하면 갑판 위로 나가 바닷바람을 맞았다. 세 시간 반(여객선 측은 그렇게 홍보했지만 실제로는 네 시간 가까이 걸렸다)의 항해시간은 스스로의 삶과 뭍에서의 분주한 일상을 돌아보기에 적당했다. 배 안에서는 어디를 제 뜻대로 갈 수도 없고 모든 게 단조로울 수밖에 없기 때문이다. 느린 만큼 깊어지는 법, 세상 모든 여행에서 만나는 풍경의 깊이는 속도와 반비례하는 게 아닐까.

아이들은 처음에는 배의 규모에 놀라고, 막상 배에 올라타서는 보기보다 상당히 낡은 선체에 놀라고, 어수선한 객실 풍경에 다시 한 번 놀라는 눈치였다.

"나는 영화에 나오는 수영장도 있는 그런 배인 줄 알았는데. 그래도 뭐 재미있어."

우리가 탄 남해고속 카페리호는 팔천 톤 규모에 천백 명까지 승객을 태울 수 있는 큰 배였다. 아쉬운 게 있다면 배 안에서 파는 물건들이 비싸고, 간이식당에서 파는 음식도 별반 먹을 게 없다는 점이다. 그 때문인지 소풍이라도 온 것처럼 거리낌 없이 도시락을 푸는 사람들도 많았다.

새로울 게 없는 배 안 풍경도, 바다 구경도 지루하게 느껴질 무렵 사람들이 술렁이기 시작했다. 멀리 섬이 보이기 시작한 것이다. 제주도, 아니 한라산이 수평선 너머로 모습을 드러냈다. 제주도는 한라산이고, 한라산이 곧 제주도임을 두 눈으로 확인하는 순간이었다. 내일은 아이들을 데리고 한라산에 오를 계획이다.

고흥군 녹동항에서 제주도로 가는 카페리호. 우리는 이 배에 차를 싣고 3시간 50여 분 만에 섬에 도착했다. 멀리 '한라산이 제주도이고 제주도가 곧 한라산' 이라는 말을 실감하게 하는 섬의 웅자가 보인다.

승선할 때는 남편 혼자 차를 운전해 차량 갑판에 차를 대고 객실로 올라왔지만 내릴 때는 다 같이 차를 타고 내리기로 했다. 차량 갑판은 가장 아래층에 있었는데 어두웠다. 구조적으로 승선할 때 제일 늦게 올라탄 차가 가장 먼저 빠져나가도록 되어 있었다. 게으른 자에게도 복이 있나니. 우리는 부지런을 떤 탓에 가장 늦게 배에서 내렸다.

어두운 배 안에서 빠져나와 남편은 잠시 방향감각을 잃고 지도를 펼쳤다. 고흥반도에서 끊어진 도로가 바다 건너 섬에도 똑같이 이어져 있는 게 새삼 신기하게 느껴졌다.

"뭐야, 시시해. 서울이랑 똑같네."

배에서 내리자마자 아파트 단지를 지나 빌딩 숲 사이에 있는 대형할인매장에서 장을 보았으니 아이들은 실망스러웠던 모양이다. 어쩌면 전국 어딜 가나 똑같은 대형할인매장에서 똑같은 상품을 선택할 수밖에 없는 우리들의 처지를 아이들이 먼저 눈치 채고 있는지도 몰랐다.

"이거 봐. 여긴 제주 우유잖아."

마로는 남해에서 '부산 우유'를 먹으며 지역마다 우유 이름이 다르다는 걸 알고 신기하다고 했었다.

"소주도 달라. 이거 봐, 여긴 한라산 소주만 마시거든."

나는 겨울 한라산으로 취재를 왔을 때 눈보라 몰아치는 한라산의 눈밭을 헤치고 백록담에 올라갔던 날, 산장에서 마시던 찬 소주의 맛을 잊지 못했다. 반가운 마음에 덥석 소주병을 잡아 장바구니에 담았다. 초록색 소주병에만 익숙했던 터라 무색투명한 유리병에 눈 덮인 백록담 화구벽을 배경으로 한라산이라는 붉은 글씨가 디자인되어 있는 상표가 이북 물건처럼 생경했다. 그러나 보면 볼수록 정이 가고 친근감이 느껴졌다. 게다가 일단 맛을 보면 그 시원하고 감칠맛 나는 술을 오래도록 잊을 수 없게 된다.

온 가족이 한자리에 모여 제주도에서 처음 텐트를 세울 곳은 한라산 관음사 야영장이다. 제주시에서 한라산으로 들어가는 길에는 아라동에 있는 산천단에 들렀다. 겨울날 눈 덮인 산천단 곰솔숲에 처음 와본 후 가족들에게 그곳을 꼭 보여주고 싶었다. 천연기념물로 지정된 거대한 곰솔숲에 들어서니 남편과 아이들 모두 탄성을 지른다. 5~6백 년도 더 된 소나무들은 아이들과 넷이서 손을 맞잡아도 그 둘레를 다 품을 수 없다. 겨울에 왔을 때와는 또 다른 숲의 기운이 느껴졌다.

"옛날에도 백록담에서 산신제를 지냈는데 짐을 지고 올라가던 사람들이 많이 얼어 죽었대. 그래서 여기 산 아래로 제단을 옮긴 거야."

남편과 아이들에게 산천단을 만든 이약동 제주 목사에 대한 이야기를 들려주었다.

나는 힘없는 사람들을 살리기 위해 낮은 데로 과감히 제단을 끌어내린 그런 사람이 바로 한라산의 산신이라고 생각한다. 비단옷에 솜저고리를 입고 말을 타고 산에 올랐을 수많은 원님들 중에 짐승과 다름없는 취급을 받던 짐꾼들의 언 발을 보고 가슴 시렸던 사람이야말로 깨달은 존재가 아니었을까. 산신이 사람 잡아먹는 귀신이 아니고서야 어떻게 살아 있는 사람의 복을 빌기 위해 산 사람도 얼어 죽을, 한겨울 산꼭대기 제사를 강행할 수 있단 말인가.

제주도에는 권력 있는 거대 종교들과는 무관하게 생명의 본성을 섬기

한라산 관음사 일주문 앞에서, 서로 다른 모양의 돌부처들이 줄지어 길 안내를 한다. 제주 4 · 3 항쟁 때 한라산으로 쫓겨간 사람들의 원혼이 서려 있는 곳이다. 경내 4 · 3유적지라는 푯말을 따라 숲으로 들어가면 화산석 돌담으로 몸을 가린 채 서로에게 총을 겨누었던 격전지들이 남아 있다.

는 민간 신앙의 흔적들이 많이 남아 있다. 신구간이라는 독특한 이사 풍
습도 그렇다. 제주에서는 지상의 모든 신들이 하늘로 올라간다는, 대한 5
일 뒤부터 입춘 전 3일까지의 일주일 동안에 이사를 하는 풍습이 남아 있
다. 이때가 되면 섬 전체가 이삿짐을 나르느라 분주하다고 한다. 이때 이
사나 집 수리를 해야 액을 막을 수 있다고 믿기 때문이다. 때문에 가스안
전공사나 한국통신 같은 곳은 신구간에는 아예 휴일도 없이 근무한다고
한다.

시간이 허락한다면 산천단 곰솔숲뿐 아니라, 조천읍 애흘리 본향당의
신목(神木)이나 화천사 오불여래 같은 돌미륵까지 하나하나 보여주고 싶
었다. 그러나 빠듯한 일정 때문에 제주도에서 가장 힘이 센 한라산 산신
의 품속에 들어가는 것으로 만족하기로 했다.

관음사 야영장에서 보낸
제주도의 첫 밤

관음사 입구에 있는 도깨비도로에 잠시 차를 세웠다. 착시현상으로 차
가 저절로 낮은 곳에서 높은 곳으로 올라가는 것처럼 보이는 곳이다. 남
편은 마술을 부리는 것처럼 기합을 넣고 물통을 길 위로 굴려 보였다. 아
이들도 음료수 캔과 물병을 굴리며 즐거워했다. 남편이 있으니 길 위에서
도 한결 여유가 생겼다. 운전대를 놓고 바라보는 풍경도 사뭇 달랐다. 나
혼자 있을 때는 서둘러 야영장을 찾아가는 일에만 정신이 팔려 사실 주마
간산으로 풍경들을 스쳐왔는데 말이다.

"말이다! 우리 사진 찍고 가자."

중산간 지대의 방목장 앞에서 딸들과 함께 사진을 찍었다.

"엄마랑 셋이서 사진 찍는 거 처음이다!"

"그러게, 아빠가 있으니까 좋기는 좋네."

"아빠, 엄마 진짜 고생 많이 했어. 그러니까 이제부터 아빠가 힘든 거 다 해야 돼."

"이 녀석들이, 아빠는 뭐 회사에서 놀았는 줄 아나?"

"그래두!"

딸들이 좋은 건 이런 점이다. 때론 남편에게 나보다 더 잔소리를 한다. 남편의 담배를 끊게 만든 것도 딸들의 엄중한 감시와 비판이었다. 딸을 키우면서 느낀 것은 딸은 아빠를 참 많이 달라지게 한다는 것이다. 그래서일까, 스페인 속담에는 운이 좋은 남자는 첫아이로 딸을 얻는다는 이야기도 있다.

관음사 야영장은 이제껏 우리가 야영한 곳 중에서 가장 높은 곳에 있다. 해발 600미터 조금 넘는 곳이니 남쪽에서 가장 높은 1,950미터 한라산의 3분의 1 지점에 올라와 있는 셈이다. 해안가의 뜨겁던 더위가 실감나지 않게 중산간의 야영장은 서늘하고 춥기까지 했다. 커다란 왕벚나무 그늘 아래 야영 테크가 놓여 있는 야영장시설도 훌륭했다.

그런데 텐트 칠 자리를 놓고 남편과 의견이 갈렸다. 나는 주차장과 가까운 곳에 자리를 잡고 싶어했고, 남편은 멀더라도 사람이 적고 아늑한 자리를 원했다.

"저긴 왔다 갔다 하기 너무 힘들잖아. 수돗가도 너무 멀고."

나는 그동안 빗속에서 고생한 것 때문에 보수적인 선택을 하고 있었다.

"걱정 마. 당신은 힘들면 가만히 있어. 내가 다 할 테니까."

사소한 문제로 고집을 부리면 서로에게 짜증을 낼 수도 있었다. 그래, 당신 좋을 대로 해라. 순간 나는 이미 일상으로 돌아왔구나 싶었다. 앞으로 우리는 집에서 그랬던 것처럼 이렇게 작고 사소한 문제들로 계속 부딪힐 수도 있을 것이다. 장을 볼 때도 와인을 잡은 남편과 소주를 고른 내가 달랐듯이, 저녁 식단을 고르고 다음날 산행 코스를 정하는 것에서도 계속 의견이 엇갈렸다. 아이들과 있을 때는 위기상황을 함께 헤쳐가야 한다는 암묵적인 공감대가 있어서일까, 별다른 충돌이 없었다. 아니, 사실은 내가 일방적으로 의견을 내고 아이들을 이끌었으니 토론이 필요한 것도 아니었다. 아이들이 좀 더 자란 뒤에는 남편처럼 아이들의 주장이 더 많아질 것이고, 그러면 더 많은 충돌이 일어날 수도 있을 것이다.

"아빠, 우리 이제 텐트 잘 쳐. 봐봐!"

딸들은 아빠 앞에서 의기양양하게 텐트를 펼쳤다.

"야, 우리 딸들 진짜 씩씩해졌는데! 아무래도 엄마랑 방학 때마다 여행 가야 되겠다."

"그럼 겨울방학 때는 3번 국도 북쪽으로 가야지."

내가 이렇게 말을 받았다. 그러자 딸들이 놀란다.

"겨울에 야영을 한다고요? 노 땡큐입니다."

"야, 이 텐트가 얼마나 좋은데. 겨울에 제대로 성능 시험을 해야지!"

"그래. 우리 올겨울엔 설악산 한번 가자. 눈 위에서 야영 한번 해야지."

남편과 내가 맞장구를 치자 아이들은 비명을 지르다시피 했다.

모처럼 가족이 한데 모인 것을 기념해 숯불을 피우고 고기도 구웠다.

혼자서는 번거로워서 엄두도 못 냈던 일이다. 술은 또 어떤가.

오늘은 제주도에 가는 날이다. 너무 기대된다. 배는 어마어마하다. 한 3시간쯤 가니까 제주도와 한라산도 봤다. 그런데 도착하니 시내는 그저 그랬다. 아빠는 숲이 멋있다고 하셨다. 우리는 관음사 야영장에서 잤다.

천사와 투덜이, 아이들의 두 얼굴

사람을 취하게 하는
한라산의 마력

아침 일찍 서둘러 산행 준비를 했다. 밥을 여유 있게 지어서 매실 장아찌를 넣은 주먹밥도 만들었다. 어젯밤 산행 코스를 놓고 남편과 의견이 엇갈렸지만 내 의견에 따르기로 했다. 이번 여행은 내가 계획하고 준비한 것인 만큼 모든 걸 전적으로 내 의지대로 움직이겠다는 게 남편의 생각이었다. 나는 관음사에서 백록담을 오르는 코스 대신 어리목(970미터)에서 윗세오름을 거쳐 영실로 내려가는 비교적 쉬우면서도 볼거리가 많은 코스를 선택했다. 나도 아이들에게 백록담을 보여주고 싶었지만 가파른 급

경사 길로 아홉 시간 이상 걸리는 그 코스는 정상에 오를 수 있다는 것 말고는 별로 볼거리가 없는 지루한 길이라는 판단 때문이었다. 등정보다 한라산의 진면목을 느끼자는 게 이번 산행의 목표였다.

우리는 큰아이 마로 백일 때 잔치 대신 아이를 안고 관악산에 올랐다. 가을 햇살이 따사로웠던 연주암 툇마루에서 땀에 전 젖을 물리던 느낌이 지금도 또렷이 기억에 남아 있다. 또 마로는 다섯 살 때도 해발 1,188미터 운문산 정상까지 혼자 힘으로 걸어 올라간 경험이 있다. 그렇지만 아이들은 자라면서 점점 힘든 산행을 싫어했다. 어릴 때는 번쩍 안아서 데리고 올라가면 됐지만 이제는 설득하고 동의를 구하지 않고는 함께 산행하는 것이 불가능했다.

"오늘 우리 몇 미터 올라가는 거야?"

"1,950미터, 한라산은 남쪽에서 제일 높은 산이야. 하지만 오늘은 특별히 너희를 위해서 정상까지 안 가고 중간에 윗세오름 대피소까지만 갈 거야!"

아이들은 집 앞에 있는 원적산 천덕봉을 기준으로 높은 산과 낮은 산을 가른다. 해발 635미터인 천덕봉보다 높으면 무조건 힘든 산이 되는 것이다. 양평에 있는 백운봉에 오를 때는 천덕봉 정도라고 꾀어서 데리고 갔는데, 정상 표지석에 940미터라고 써 있는 걸 보고는 아빠가 사기를 쳤다며 항의를 했다. 그때는 "어, 언제 이렇게 높아졌지?" 하고 너스레를 떨었지만 이곳에서는 그런 게 통하지 않을 것이다. 나는 한라산 지도를 펼쳐놓고 차근차근 우리가 오를 길을 설명해주었다.

"어, 윗세오름도 1,700미터나 되는데!"

"그렇지만 지금 우리가 출발하는 데가 거의 1,000미터야. 실제로는 700미터쯤 올라가는 거야."

울창한 졸참나무숲 사이 오솔길로 산을 오른다. 남편은 60리터, 나는 30리터짜리 배낭을 멨다.

"이 나무가 흉년이 들었을 때 도토리를 많이 떨어뜨려서 사람들을 살렸대."

송덕수라는 이름의 아름드리나무 앞에서 아이들에게 설명을 해주었다.

"이게 무슨 나문데?"

"참나무지."

"에이, 원래 도토리 열리는 나무잖아. 그게 뭐가 신기해. 당연한 거지."

그러고 보니 아이들 말이 맞다.

"나는 싸이월드 도토리라도 떨어지는 줄 알았네."

아이들에게 도토리는 참나무 열매가 아니라 사이버머니로의 의미가 더 크다. 미래의 국어사전에는 도토리의 새로운 뜻이 추가되지 않을까. 그보다 더 오랜 시간이 지나면 아이들 말대로 사이버머니를 떨어뜨리는 나무의 전설이 생길지도 모르겠다.

배낭 메기를 자청한 아이들

사제비 동산에 오르자 시야가 탁 트이면서 한라산의 진면목들이 차례로 드러나기 시작했다. 키 낮은 관목들과 억새가 천상의 낙원처럼 펼쳐져 있었다. 겨울에 왔을 때는 눈에 덮여 형체를 알아볼 수 없었던 구상나무 군락들이 갈맷빛으로 산을 덮었고, 그 발치에는 바람에 누운 풀들과 낮은 곳에서 흔히 볼 수 없는 야생화들이 햇살 아래 반짝이고 있었다. 넓은 초원 위로는 거대한 백록담 화구벽이 다소 비현실적인 풍경으로 펼쳐져 있었고 해안 쪽으로는 푸른 바다가 희미하게 펼쳐져 있었다.

"야, 너희들은 진짜 행운아다. 한라산 처음 올라와서 이렇게 좋은 날씨를 만나는 사람은 거의 없어."

그것은 아이들을 위한 빈말이 아니었다. 망망대해 위에 우뚝 솟아 있는 한라산의 날씨는 언제나 변화무쌍하다.

아름다운 풍경은 분명 사람을 취하게 하는 마약 같은 힘이 있다. 아이들도 힘든 기색이 역력했지만 표정이 밝다. 만세동산을 지나 윗세오름까지는 고도 100미터 단위로 표지석이 서 있어서 아이들은 기념사진을 찍는 재미에 신이 나 걸음을 재촉했다. 장래희망이 식물학자인 한바라는 처음 보는 야생화들을 카메라에 담기 바빴다.

어리목 코스는 1,700미터 고지의 윗세오름 대피소가 종착지다. 백록담의 화구벽이 눈앞에 보이지만 자연휴식년제 기간이라 정상에 오를 수 없다. 나는 취재 때문에 허벅지까지 빠지는 눈밭을 헤치고 한라산 정상에 올라보았다. 눈 덮인 백록담을 뒤로 하고 석양에 붉게 물든 화구벽을 등지고 내려오던 겨울 산, 귓불을 얼어붙게 하던 세찬 바람, 가슴을 쓸어내리던 적막함이 떠올랐다. 눈보라 때문에 길이 흔적도 없이 지워졌던 그날 밤, 침낭 속에서 헤드램프를 켜고 얼어붙은 펜을 녹여가며 가족들에게 엽서를 쓰던 일이 생각났다.

"너희도 백록담 보고 싶지?"

고개를 끄덕이는 아이들에게 다음에 꼭 다시 오자는 약속을 했다.

도시락을 먹고 난 마로가 갑자기 아빠의 60리터 배낭을 메겠다고 나섰다.

"나는 엄마 배낭 멜래."

한바라도 덩달아 가세한다.

"무거울 텐데."

"괜찮아."

달팽이가 자기 집을 등에 지고 걷는 것처럼 배낭이 컸지만 그냥 하고 싶은 대로 하게 내버려두었다. 배낭은 이미 우리가 먹은 음식물만큼 무게가 많이 줄어 있었다.

배낭을 멘 아이들을 앞세우고 남편과 둘이서 손을 잡고 걸었다. 이제부터는 영실로 가는 내리막길이다. 어차피 인생의 내리막길에서는 아이들이 우리의 짐을 나눠 지고 갈지도 모르겠다. 아니 누가 누구의 짐을 대신 진다기보다 오래 함께 걸어온 길동무가 되어 서로에게 의지하며 다정하게 걸어가게 되겠지.

올망졸망 솟아오른 봉긋한 오름들과 발아래 아스라이 펼쳐지는 바다. 눈이 시린 풍경들 앞에 절로 감사한 마음이 든다. 산이 고마웠다.

"얘들아! 이제 배낭 이리 줘. 남들이 보면 엄마 아빠가 아동학대한다고 그러겠다!"

우리 땅 남쪽 바다 망망대해 위에 우뚝 솟은 한라산을 아이들과 함께 오르는 일은 우리가 걸어
가야 할 인생의 숱한 오르막길과 내리막길에 대해 생각하게 해주었다. 아이와 부모가 서로의
짐을 나누어 지며 오래도록 함께 걸을 수 있는 길동무가 되는 방법은 무엇일까.

정신이 혼미해지는
하산길이 좋은 까닭

다섯 시간 반 남짓한 산행이었지만 아이들이 많이 지쳤다. 특히 영실 매표소에서 버스정류장까지 아스팔트 도로를 걸어 내려갈 때는 또 짜증을 내기 시작했다.

산꼭대기 천상의 초원 위를 노닐던 천사 같은 표정들은 사라지고 입이 삐죽 나온 채 골을 내며 걸었다. 남편은 택시를 잡지 않고 굳이 버스정류장까지 아이들을 걸어 내려가게 했다. 딸들은 벌겋게 익은 얼굴로 서로 아무 말도 하지 않은 채 뚝 떨어져서 뜨거운 길을 걸어 내려갔다.

나는 산을 오르는 것보다 다리가 후들거리고 가끔은 정신이 혼미해지기까지 하는 하산길을 좋아한다. 아무 생각 없이 오로지 한 걸음 한 걸음 앞으로 나아가는 것에만 집중하는 그 무념무상의 시간, 어느 순간에는 저만치 앞질러 길 위를 혼자 걷고 있는 내가 보이기도 한다. 걷는다는 것은 마음의 눈으로 나를 바라보는 것이다. 산행은 좌탈입망(坐脫入忘)의 경지는 못 되더라도 적어도 그윽한 시선으로 나를 들여다보는 작은 수행의 한 갈래라고 나는 생각한다.

산행에 지친 아이들을 위해 바다로 달려갔다. 협재 해수욕장 솔숲에 텐트를 치고, 아이들이 소원하던 파도타기로 몸을 식혔다. 그사이 남편은 협재항에 가서 생물 고등어 한 보따리와 쏙을 사왔다. 남해에서 포기했던 쏙을 결국 제주에서 맛볼 수 있었다. 해 저문 솔숲 바닷가 야영장에서 우리는 해산물 숯불구이로 만찬을 즐겼다.

마로 이야기

어제부터 한라산에 간다고 했을 때 정말 열 받고 짜증났다. 여기까지 와서 산이라니……. 오늘 아침부터 다리에 힘이 쫙 빠졌다. 하지만 안 갈 수도 없어서 할 수 없이 갔다. 그런데 한 시간 정도 숲 속으로 걸었는데 기분이 좋았다.

한라산은 보통 산이랑은 다른 뭔가가 있었다. 하지만 힘이 들기는 보통 산과 다를 게 없었다.

한바라 이야기

오늘은 한라산에 올라가야 한다. 다른 산은 별로 안 힘들다. 그런데 한라산은 남한에서 가장 높은 산이기 때문이다. 그런데 아빠가 얘기해 주셨다.

"걱정 마, 한라산은 거의 1,000미터는 차 타고 간다."

휴~ 정상까지 가려면 왕복 열 시간쯤 걸려서 그냥 어리목 코스로 갔다. 송덕수라는 이름을 가진 도토리 나무도 봤다. 사제비 동산에서 본 풍경은 무척 아름다웠다. 윗세오름 대피소에서 점심을 먹고 영실 코스로 내려가다 신기한 바위들도 많이 보았다.

정말 재미있었다. 또 내가 한라산 정상은 못 갔지만 한라산을 갔다는 게 뿌듯하다.

하루하루 돋는 해와 지는 해를 바라보자

눈부시게 아름다운
젊은 얼굴들

바닷가의 아침은 더웠다. 우리의 자랑스러운 텐트는 해수욕장과는 영 어울리지 않았다. 천장이 높고 사방이 훤하게 뚫린 여름용 캐빈형 텐트가 부러웠다. 역시 장비도 제가 놀던 물에서라야 제값을 한다. 산악인들은 흔히 우리나라 사람들이 동네 약수터를 올라갈 때도 옷은 8,000미터 수준으로 입는다고 농담하곤 하는데 우리가 꼭 그 꼴이었다. 여름철 바닷가에서는 그저 바람 잘 통하고 비 가림이나 되는 피서용 텐트가 제격인 것이다.

아이들은 좀처럼 일찍 일어나지 못했다. 어디서든 곤히 잠들 수 있다는 건 건강하다는 뜻이겠지. 깊이 잠들지 못한 남편과 나만 아침 일찍 바닷가를 거닐었다. 희고 고운 모래밭과 에메랄드빛 바다와 검은 현무암, 사람들이 떠나간 뒤에야 모두가 제 빛을 반짝이고 있었다. 밤이 늦도록 소란스럽던 젊은이들도 모두 곯아떨어져 있을 시간, 마을의 할머니들이 모래밭을 청소하고 있었다. 에메랄드빛 투명한 바다 속으로 갈치 떼가 헤엄치고 협재 마을 뒤편으로 거대한 아침해가 떠오르고 있었다.

오늘은 제주도 북서쪽 협재 해수욕장에서부터 시계반대방향으로 섬을 돌아 남쪽 끝에 있는 모슬포항까지 이동한 다음 오후에 마라도로 들어가는 배를 탈 계획이다. 협재에서 대정읍 하모리까지는 해안선과 나란히 달리는 해안도로를 따라 달렸다. 오른쪽 어깨 너머로 수평선이 보이는 아름다운 해안도로에 그 길을 더욱 아름답게 만드는 사람들이 있었다. 자전거를 타고 해안 일주를 하는 젊은이들이 끊임없이 아스팔트 위를 질주하고 있었다. 우리 차 곁을 지날 때 페달을 밟는 거친 숨소리가 들려왔다. 푸들거리는 날것들의 생기가 전해져왔다. 이십 대 전후에서 초등학교 고학년 정도밖에 안 돼 보이는 어린 아이들까지 있었다. 특히 고등학생 정도로 보이는 여자 아이들 서너 명이 검게 그을린 얼굴로 페달을 밟는 모습은 눈이 부시게 아름다웠다.

"여보, 세상이 좋아지긴 좋아졌나 봐. 우린 저런 거 상상도 못했잖아."

우리의 스무 살 시절은 최루탄 연기 속에서 달리는 전동차를 세우고 철로 위를 떼 지어 달리거나, 전경들의 곤봉을 피해 낯선 골목길 사이사이로 숨이 막히도록 쫓겨 달아나기에 바빴다. 거리에 나서면 두려움을 견디려고 옆 사람과 어깨를 겯고 손에 힘을 꽉 주면서 눈을 질끈 감고 아스팔트 위에 드러눕는 일도 다반사였다.

"당신 생각나? 옛날에 나 자전거 뒤에 태우고 학교 한 바퀴 돌았던 거. 근데 말이야. 꼭 무슨 죄짓는 거 같아서 얼마나 가슴이 뛰던지."

그랬다. 연애를 하거나 마음껏 웃고 떠들고 즐기는 것을 누군가에게 죄책감을 느껴야 할 일로 여길 만큼 우리의 청춘은 억눌려 있었다.

"우리도 다음엔 자전거로 해안일주 한번 해볼까?"

남편의 말에 딸들이 반색을 한다.

"응! 근데…… 엄마는 자전거 못 타잖아."

"아빠가 태워주면 되지. 아니면 힘센 한바라가 엄마 태워줘."

"허걱!"

과연 그럴 수 있을까. 그보다 딸들이 저희끼리만 여행을 가겠다며 배낭을 꾸리게 될 날이 먼저 올지도 모르겠다.

슬프고 아름다운
자전거의 추억

모슬포항에서는 마라도행 배표를 끊고 나서 친구의 무덤을 찾기 위해 마을을 구석구석 돌아다녔다. 시인이 되겠다는 꿈을 품고 뭍으로 나왔던 그는 학교를 졸업하지도 못하고 뼛가루가 되어 고향 모슬포에 묻혔다. 나의 선배였고 남편의 친구였던 사람. 내가 대학교 일 학년 때 그는 자취방에서 자전거를 타고 학교로 가던 길에 교통사고로 목숨을 잃었다. "누이야, 원래 싸움터였다. / 바다가 어둠을 여는 줄로 너는 알았지?"로 시작하던 문충성의 시 〈제주바다〉와 함께 원고지 위에 타자기로 찍은 자신의 시들을 편지로 보내주던 선배였다. "제주 사람이 아니고는 진짜 제주 바다를 알 수 없다"는 시로 섬의 아름다움보다 슬픔을 먼저 알게 해준 사람. 영혼이 맑은 친구의 장례식 때 난생 처음 제주에 내려왔던 남편은 기억을 더듬어 모슬포항 뒤편 마을을 구석구석 헤매고 다녔다.

"분명히 이 근처였던 것 같은데 못 찾겠다."

그가 섬에 묻힌 지 벌써 십칠 년이 지났다. 그 시간이면 그는 이미 유채꽃이나 엉겅퀴꽃 같은 걸로 몇 번은 피고 또 지고 하지 않았을까.

"그 형 무덤에도 산담이 둘러져 있어?"

제주의 무덤들은 네모난 돌담 안에 누워 있다. 구멍이 숭숭 뚫린 검은 현무암을 얼기설기 쌓아올린 돌담은 제주의 밭이며 집 둘레는 물론 무덤가에도 둘러져 있다. 제주도에 있는 돌담의 길이를 모두 합치면 만리장성보다도 길다고 한다.

제주의 돌담이 바람과 맞서 싸우려 했다면 여지없이 허물어져 내렸을 것이라고 한다. 태풍에도 끄떡없이 제자리를 지켜온 돌담의 힘은 뻥 뚫린 구멍에 있다. 현무암은 곰보 자국 같은 자잘한 구멍 사이사이로 바람을 잘게 부수어 사나운 태풍도 순하게 걸러내는 체의 역할을 한다. 그의 무덤도 돌담이 거른 순한 바람을 맞으며 평화롭게 풍화되었기를. 아무래도 오늘 밤 우리들의 술잔은 마라도에서, 살아남은 사람들의 가슴에나 부어야 할 모양이다.

위. 제주 섬 해안일주를 하는 자전거 여행자들. 다음엔 우리도 꼭 자전거로 섬을 달리고 싶었다.
아래. 육지의 솟대와 같은 제주의 방사탑. 기운이 허한 곳에 액을 막기 위해 돌탑을 쌓고 꼭대
기에는 새 모양의 돌을 얹어놓는다.

'갚아도 그만 말아도 그만'
가파도와 마라도

마라도로 가는 배는 모슬포항과 송악산 두 곳에서 출발했다. 송악산에서 출발하는 배는 관광객들을 위한 유람선이고 모슬포항은 주로 섬 주민들이 이용하는 선착장이다. 쾌속으로 항해하는 송악산의 유람선은 마라도에 내려 한 시간 반 동안 섬을 한 바퀴 둘러보고 나면 곧바로 돌아가야 했다. 속전속결로 마라도를 유람하는 뱃삯은 모슬포항에서 떠나는 것의 두 배였다.

우리는 이 땅의 남쪽 끝에서 지는 해와 뜨는 해를 한자리에서 바라보며 하룻밤 자고 싶었다. 모슬포항에 차를 주차시키고 배낭에 꼭 필요한 짐들만 짊어지고 배에 올랐다.

모슬포항에서 가파도까지는 30분, 그 뒤 마라도까지는 40분이 걸리는 뱃길이다. 손에 잡힐 듯 가까이 무슨 원반처럼 떠 있는 두 섬까지 한 시간가량을 달려야 했다. 옛날에는 워낙 살림살이가 곤궁한 섬이어서 제주 사람들은 가파도와 마라도 사람들이 진 빚은 "갚아도 그만 말아도 그만"이라고 했다고 한다.

바다 한가운데로 나아가 섬에서 멀어질수록 제주도가 더 잘 보인다. 사람과 사람 사이에도 종종 그런 거리가 필요한 것처럼. 우리 부부가 멀리 떨어져 지낸 지난 일주일 남짓한 기간도 서로를 좀 더 잘 들여다보게 한 시간들이었을까.

배가 작아 일렁이는 파도의 물결이 그대로 느껴졌다. 갑판에 서면 물보라가 얼굴까지 튀어올랐다. 물살을 가르는 배 주변으로는 투명한 해파리

떼가 헤엄치고 있었다. 해파리냉채를 먹을 줄만 알았지 바다 속을 헤엄치는 해파리를 상상해 본 적은 한 번도 없었던 것 같다.

바다 한가운데로 나아갈수록 깊이를 가늠하기 어려울 정도로 시퍼런 바다가 두렵게 느껴졌다. 나는 조금만 더 오래 배를 탔다면 멀미를 했을 것 같은데, 아이들은 놀이기구에 올라탄 것처럼 재미있어했다.

섬에 도착하자마자 마라분교를 찾았다. 떠나기 전에 조사를 해보니 마라도에는 공식 야영시설이 없었다. 민박집에 전화를 해서 야영을 할 수 있냐고 물어보는 것도 실례일 것 같고, 고민 끝에 한 달 전쯤 마라분교로 전화를 걸었다. 여름방학 때 아이들을 데리고 마라도에서 야영을 하고 싶은데, 학교 운동장 구석에 텐트를 쳐도 되는지 물었다. 이왕 마라도까지 갔으니 남쪽 끝의 그 분교 마당에서 야영하는 것이 더욱 의미 있을 것 같았다.

학교 돌담 너머로 넘실대는 옥빛 바다가 보이고 하늘에서 뭇별들이 쏟아지리라는 기대를 품고 있었다. 그러나 학교나 주민들에게 실례가 되지 않을까 무척 조심스러웠다. 전화를 받은 분교장 선생님께서는 일단 마라도에 와서 다시 전화를 하라는 조금은 애매한 대답을 하셨다. 승낙을 한 건지 아닌지 확신할 수 없었다.

안 된다면 민박집을 얻고 그 마당에라도 텐트를 치거나 비박을 해야겠다고 생각했다.

푸른 초원 위에 검은 현무암으로 돌담을 두른 마라분교는 게양대에 펄럭이는 태극기만 없었다면 아담한 전원주택과 다를 바 없었다.

마라분교 정낭 앞에 세워진 표지판을 배경으로 선 한바라. 이것을 보면 마라분교는 우리나라
남쪽 끝에 있는 게 아니라 세계로 뻗어가는 출발점에 있는 첫 번째 학교라고 생각되었다. 결국
세상의 모든 곳은 모두가 하나의 중심이고 출발점이 아닐까.

"와, 너무 예쁘다!"

제주도 특유의 정낭이 교문을 대신하고 있는 그곳에는 가파 초등학교 마라분교장이라고 쓴 표지석이 있고 후쿠오카, 평양, 서울, 타이페이, 부산까지의 거리가 적힌 표지판이 달려 있었다. 아, 여기가 그렇구나. 새삼 대양 한가운데 떠 있는 우리의 좌표가 머릿속에 그려지는 것 같았다.

"안녕하세요. 저 한 달 전에 야영 때문에 전화드렸던……."

"아, 예. 어서 들어오세요."

점심식사 준비를 하던 남자 선생님 두 분이 계셨다. 나는 분교장 선생님이 혹시 내 전화를 잊은 게 아닐까 염려했었는데 선생님들은 우리를 반갑게 맞아주었다. 한 달 전에 하도 조심스럽게 전화를 걸어와서 기억하고 있다고 했다. 마라분교는 쓰레기를 아무 데나 던져놓고 가거나 시설을 파손하는 일부 지각없는 관광객들 때문에 몸살을 앓고 있다고 했다.

"원래는 야영을 할 수 없어요. 그렇지만 아주 예외적으로 허락해드리기로 했습니다. 아이들을 데리고 오신다고 해서. 교육적인 목적도 있는 거니까요."

분교장 선생님은 시원스럽게 허락을 해줄 수 없었던 사정을 이야기했다. 다만 마지막 유람선이 섬을 떠나는 오후 4시 이후에, 가능하면 해가 질 무렵에나 텐트를 쳤으면 한다고 당부했다.

"도대체 당신이 어떻게 전화를 했기에 저렇게 칭찬을 하셔?"

학교 밖을 나오며 남편이 놀리듯 물었다.

"그러게 말이야. 나야 뭐 아주 지극히 상식적인 수준으로 전화한 것뿐이야. 언제 당신 집에 놀러가고 싶다. 괜찮겠느냐. 뭐 이런 거지. 상식이

칭찬거리가 되니까 기분이 묘한데?"

그렇지만 선생님들의 심정을 이해할 수 있었다. 울타리가 없는 우리 집에도 명절 때면 근처 산소로 성묘 온 사람들이 마당 안으로 불쑥 들어와 거리낌 없이 집을 둘러보거나, 아무런 양해도 구하지 않고 수돗가에서 설거지를 하기도 하고, 심지어 담배꽁초를 휙 집어던지고 가는 일이 많아 속을 끓인 게 한두 번이 아니었다.

사람들은 도시에서는 상상도 못할 무례한 행동을 시골에 와서는 별 거리낌 없이 하는 경우가 많다. 마라도는 관광지이기 이전에 섬사람들의 집이다. 하룻밤 남의 집에서 신세를 지고 떠나갈 손님으로서 마땅히 지켜야할 예의가 있을 것이다. 우리는 섬에 발자국 말고는 아무것도 남기지 않고 오는 것으로 그 예의를 갖추기로 했다.

그냥 스쳐 지나가는 사람들

텐트를 칠 수 있을 때까지 무거운 배낭과 짐들을 분교장 사택에 맡기고 본격적인 마라도 구경에 나섰다. 점심은 이동통신회사 광고에 나온 '자장면 시키신 분!'으로 유명해진 자장면집에서 먹었다. 마라도 교회 목사의 장성한 자식들이 섬으로 돌아와 장사를 시작한 집과 또 다른 주민이 하는 자장면집 두 곳이 불과 몇십 미터 거리에서 경쟁적으로 장사를 하고 있었다. 고기 대신 마라도산 해물이 듬뿍 들어간 현지식 자장면이었다.

마라도를 걸어서 한 바퀴 도는 데는 한 시간이면 충분했다. 그 작은 섬

안에 교회 하나, 절 하나, 학교 하나, 경찰서와 등대, 태양광발전소와 쓰레기소각장 그리고 아이들이 학수고대하던 초콜릿박물관까지 있었다. 그 모든 것이 정말 섬에 꼭 필요한 것들인지는 잘 모르겠다. '육지 것'인 내가 보기에는 마라도에서는 그저 바다를 바라보거나 바다 건너 전설처럼 솟아 있는 한라산을 우러러보며 머리를 조아리는 것만으로도 정신이 정화되는 것 같은데, 절과 교회와 성당이 각축하고 있는 모습이 특히 부자연스럽게 여겨졌다.

섬의 남쪽 끝에는 '동경 120도 16분 3초, 북위 33도 66분 81초'라고 대한민국 영토의 최남단임을 알리는 기념비가 서 있었다. 바다의 기운이 이곳에서부터 한반도로 뻗어 올라가고 있을 터였다. 그곳에 서니 새삼스럽게 북상하는 길을 막은 분단 철책이 부자연스럽게 여겨졌다.

바다와 검은 현무암 절벽 그리고 초록의 풀밭 위로 검은 보도블록이 깔린 일주도로는 섬 전체를 잘 가꾸어놓은 인공정원처럼 보이게 했다. 그 길 위로 유람선에서 우르르 쏟아져나온 사람들이 자장면 한 그릇을 비우고 나서 자전거를 타거나 오토바이 뒤에 매단 수레를 타고 섬을 한 바퀴 돌고 있었다. 해를 피할 그늘이 없는 마라도에서는 다들 웬만큼 걷다가 그늘을 찾아 바닷가 전망대에 들어가서 무료하게 돌아갈 배를 기다렸다.

"아빠, 우리도 자전거 타자."

"우리는 이따가 사람들 다 나가고 나면 그때 타자. 지금은 너무 어수선하잖아."

이 자그마한 섬을 걷지 않고 자전거로만 둘러본다는 건 우리 다리와 섬에 대한 모독인 것 같았다. 하지만 아이들은 골이 났다. 모자를 쓰고 자외선차단제를 듬뿍 발랐지만 태양은 정수리를 뚫는 송곳처럼 따가웠다. 원래 나무가 울창한 섬이었다는 이곳에 사람들이 경작지를 얻으려고 불을 질렀는데 그 불길이 석 달 열흘이 지나서야 겨우 잡혔다고 한다. 섬을 집어삼켰다는 그 불길 때문에 바다도 끓어오르지 않았을까. 그 옛날의 불길을 떠올리게 할 만큼 마라도의 태양은 뜨거웠다.

결국 우리도 섬을 반 바퀴쯤 돌다가 바닷가 전망대로 피신해 불에 덴 듯한 몸을 식혔다.

"야, 저 오토바이 아저씨 하루에 얼마나 벌까?"

"우리 여기 와서 저거나 할까? 뜨거우니까 수레에다 지붕만 하나 달면 저 손님들 다 끌어모을 수 있겠다."

"아니, 딱 오백 원만 더 깎아주면 충분히 장사될 거야."

"그럼 저 아저씨가 마라도 원조 오토바이라고 머리띠 두르고 다니는 거 아냐?"

전망대에서 유람선을 기다리던 한 무리의 사람들이 마라도의 명물이 된 오토바이 아저씨를 보며 주고받던 이야기다. 모든 것을 시장의 논리로 희화화하며 시끄럽게 웃고 떠드는 모습을 물끄러미 바라보았다. 마라도를 수박 겉핥기로 스쳐가면서 뜨겁고 지루했던 섬에 대한 불평만 안고 갈 그 사람들이 왠지 안쓰러워 보였다. 마라도를 깊이 이해하려고, 태풍 경보로 사람들의 발길이 끊어진 때나 섬사람들이 모조리 제주도로 차례를 지내러 나가는 명절 때를 기다려 빈 섬에 들어오곤 했다던 사진작가 김영갑을 조금은 이해할 것 같은 기분이 들었다.

'아무것도 안 하는 걸
즐겨봐'

"숙제할 거 가지고 오는 건데. 엄마가 차에 두고 오래서 이게 뭐야."

"심심해 죽겠어. 자전거도 못 타고……."

아이들은 어느새 골이 나 있었다.

"자전거는 좀 시원할 때 타자. 좀 차분하게 바다도 보고 바람도 느끼고 그래 봐. 얼마나 좋아. 언제 또 이런 풍경을 보겠어. 아무것도 안 하는 걸 즐겨봐."

투정부리는 아이들에게 남편이 한 말이다. 우리는 정말 아무것도 안 하고 그늘에 앉아 하염없이 바다만 바라보는 게 좋았다. 아무것도 안 할 자유가 있다는 게 얼마나 눈물겹게 고마운지 몰랐다. 그렇지만 아이들에게는 아무리 둘러봐도 바다와 풀밭과 하늘뿐인 섬이 갑갑하기만 한 모양이다.

"우리 서로 얼굴 그려주기 할까? 자, 마로, 거기 앉아봐. 엄마가 그려줄게."

나는 아이들의 무료함을 달래기 위해 어쩔 수 없이 무엇인가를 해야 했다. 하나뿐인 노트와 펜을 가지고 돌아가며 서로의 얼굴을 그려주기로 했다. 마로가 태어났을 때 돌도 되기 전 아이의 자는 얼굴을 연필로 스케치한 적이 있다. 지금도 앨범에 꽂혀 있는 그 서툰 그림을 딸아이는 굉장히 좋아한다. 얼굴을 그리고 있으면 상대방을 아주 자세히 바라볼 수밖에 없다. 그러다 보면 평소에는 느끼지 못하고 그냥 지나쳤던 섬세하고 자잘한 애정들이 새삼 가슴속에서 살아 꿈틀대는 것 같다. 나는 아이의 검은 눈

동자를 사랑하고, 새근새근 콧김을 뿜는 콧구멍도 사랑하고, 쉬지 않고 재잘거리는 저 작은 입술을 사랑하고 또 찰랑이는 머리카락 한 올 한 올 까지 사랑한다. 그림을 그리면서, 잠든 아기의 얼굴을 보면서 스스로 이렇게 읊조렸던 것 같다.

그러나 그런 기회는 그리 많지 않았다. 한 지붕 아래 살면서도 우리는 서로의 얼굴을 이렇게 오랫동안 유심히 들여다볼 기회가 없었다. 아이가 태어났을 때는 잠든 얼굴을 온종일 뚫어져라 바라보는 것만으로도 시간 가는 줄 몰랐었는데…… . 남편의 얼굴도 마찬가지였다. 그새 머리숱도 줄고 주름도 많이 깊어졌구나.

마라도는 우리 가족을 전망대 그늘에 묶어두고 서로를 깊이 들여다보게 해주었다. 섬이 우리에게 내려준 또 하나의 축복이었다.

드디어 마지막 배가 섬을 떠났다. 일시에 정전이라도 된 것처럼 섬 전체가 조용해졌다. 갑자기 우리만 바다 한가운데 버려진 것 같은 느낌마저 들었다. 그러나 곧 경운기 한 대가 탈탈거리며 언덕길을 달려갔다. 꼭꼭 숨어 있던 섬사람들이 하나 둘 바닷가로 몰려들기 시작했다. 관광객이 썰물처럼 빠져나간 뒤에야 비로소 마을 사람들이 자신들만의 자유를 만끽하려는 것 같았다.

우리도 서둘러 선착장 근처 자전거대여소로 갔다. 그러나 마지막 배가 떠나기 무섭게 대여소는 영업을 끝내고 말았다. 아, 이제 아이들을 어떻게 달래지. 수소문 끝에 자전거대여소 주인을 찾아가 사정을 해보았지만, 식구들끼리 물놀이를 가야 한다며 내일 아침에 오라고 했다. 야속했다. 그러

해거름 녘 마라분교 운동장에서. 마라도에서는 지평선이 끝나는 곳에서 수평선이 이어진다.
섬 전체가 천연 잔디구장 같은 이곳은 공을 차면 바다에 풍덩 빠져버릴 것 같았다.
저 파리한 달은 누가 차올렸을까.

나 그들 가족의 즐거움을 방해하는 것도 온당치 않다고 생각했다.

"미안해. 아빠가 내일 아침 배 타기 전에 꼭 자전거 태워줄게."

우리도 마을 사람들을 따라 바닷가로 나갔다. 사실 섬 어딜 가나 바다가 보이니 따로 바닷가라고 부르는 게 이상했다. 그런데 사방이 깎아지른 듯한 절벽뿐인 줄 알았던 그곳에 원주민들만의 천연수영장 같은 여울이 있었다. 검은 현무암 위로 파도가 흰 물거품을 쉴 새 없이 토해냈지만 그 안에는 잔잔한 바다가 간직되어 있었다. 어른 아이 할 것 없이 뒤섞여 물놀이를 하며 까르르 웃어대고, 한편에서는 돌 틈에서 저녁 반찬으로 쓸 게를 잡고 있었다.

"아빠, 우리도 잡아보자."

남편과 아이들은 금세 게 잡이에 푹 빠져버렸다.

"엄마! 이 하얀 게 뭐야?"

발밑을 보니 바위 위에 하얗게 소금이 말라붙어 있었다.

"어머, 소금이다. 자, 먹어봐."

나는 손가락으로 소금을 찍어 아이들 혀끝에 대주었다.

"한바라야, 우리 염전놀이 하자."

마로는 손가락으로 소금을 긁어모아 검은 바위를 도화지 삼아 그림을 그렸다. 게에게 손가락을 물리고서도 게 잡이를 멈출 줄 모르던 남편까지 우리 모두 저무는 마라도의 풍경 속에 바닷물에 잠긴 소금처럼 스며들었다.

멀리 제주 섬에 하나 둘 불이 켜질 무렵, 서툰 손길에 괴롭힘만 당한 게들도 바다로 돌려보내고 우리는 마라분교로 돌아와 텐트를 쳤다. 정확하게 말하면 운동장 돌담 밖 초원 위의 수평선을 바라보며 집을 지었다. 날이 저물어가면서 수평선에는 집어등을 매단 배들이 바다를 훤하게 밝히고 있었다.

드디어 일몰이 시작되었다. 장엄한 광경이었다. 딸들은 해안 끝까지 걸어가 그 놀라운 하늘과 바다를 만끽하고 있었다. 노란색 텐트 그리고 바로 코앞에 있는 바다 위 붉은 석양의 대비가 아름다웠다. 내일 아침이면 반대쪽 바다 위에서 다시 태양이 떠오를 것이다.

"돋는 해와 지는 해를 반드시 보기로 합시다."

1923년 방정환 선생은 어린이선언문을 발표하면서 '어린 동무들에게' 당부하는 글 첫머리에 이렇게 써놓았다. "서로 존대하고, 꽃과 동물들을 사랑하고, 몸가짐을 바르게 하자"는 말보다 먼저 하루하루 태양의 시작과 끝을 바라보라고 한 말이 내게는 가장 감동적으로 다가왔다. 선생은 사람 대접 받지 못하고 살던 식민지의 아이들에게 아무리 밤이 길고 모질더라도 어김없이 내일의 태양이 떠오른다는 사실을 보여주고 싶었는지도 모른다.

나는 지금도 지구상의 어떤 위대한 교육철학보다 하루하루 돋는 해와 지는 해를 바라보자던 그 말씀이 소중하다고 생각한다. 그러나 50억 년 동안이나 하루도 빠짐없이 계속되고 있는 일출과 일몰, 이 단순한 일상의 반복을 지켜보는 일이 우리에게는 얼마나 큰 결심을 필요로 하는가. 알람 소리에 잠이 깨고 새벽이 되어서야 겨우 잠이 드는 그런 삶을 바꾸지 않는 한 우리는 아예 해가 뜨고 진다는 사실마저도, 아니 우리 머리 위에 매일 밤 영롱하게 별이 빛난다는 사실마저도 잊고 살 수밖에 없을 것이다.

그러나 마라도에서는 그런 일들이 그렇게 어려운 일 같지 않았다. 그냥 저녁상을 받고 방문을 열면 거기에 장엄한 노을이 번지고 있을 테니 말이다. 또 그 해는 다음날 아침 세수를 하다가 고개를 들면 반대편 바다에서 역시 기적처럼 바다를 뚫고 솟구칠 것이다.

풀밭에 누워 파도소리를 자장가 삼아 하늘 천장의 별들을 덮고 잠을 잤다, 등을 고스란히 마라도의 땅 위에 누이고서. 우리는 섬의 숨소리를 듣는 것 같은 착각에 빠졌다. 고생스럽지만 야영을 하길 정말 잘했다 싶었다. 나를 둘러싼 모든 게 아름답고 고마웠다.

한바람이야기

마라도 가는 날이다. 마라도 가는 사람이 워낙 많아서 배에 자리가 없었다. 그래서 밖으로 나갔다. 바람도 시원하고 파도가 칠 때마다 배가 위아래로 흔들려서 약간 재미있었다. 배가 마라도에 도착했을 때 아주 뜨거웠다. 우리가 계속 놀자고 쫄라서 마라도 초콜릿박물관에 갔다. 그런데 제주도에 진짜 박물관이 있고 여기는 판매만 하는 거다. 어쩔 수 없어서 3,000원짜리 초콜릿 한 봉지만 사서 나왔다. 마라도 등대에 갔을때 너무 더워서 다시 처음에 쉬던 정자로 갔다. 아빠가 덥다고 해 질 녘에 타자고 했는데 관광객들이 거의 다 가니까 자전거 빌려주는 사람이 없었다. 그래서 그냥 바다에서 게 잡고 놀다 놓아 주었다. 한 가지 재미있는 일이 있다. 마라도는 오후에 관광객들이 돌아가면 개들을 풀어준다. 우리가 어떤 식당에서 회를 사서 텐트에서 먹는데 텐트 왼쪽은 허스키, 오른쪽은 코커스패니얼이 보디가드처럼 지켜주었다. 정말 재미있는 개들이야.

지금은 아이들과 추억을 저축할 때

태양과 풀과
바람과 파도와

남편과 나는 언제 또다시 마라도에서 아침을 맞을 수 있을까 아쉬워하며, 동이 트기 전부터 부지런히 돌아다니면서 사진을 찍었다. 서로 아무 말 없이 각자 손에 든 카메라만 가지고 태양과 풀과 바람과 파도와 이야기를 주고받았다. 그러면서도 서로의 카메라 속으로 자꾸 상대방이 들어오고 있었다. 사진을 보면 찍히는 사람보다 카메라를 든 사람의 눈빛이 읽히는 것도 그런 이유 때문일 것이다.

"엄마, 또 회 먹고 싶어."

아이들은 어젯밤에 처음 맛본 돌돔 생각에 아직도 입 안에 침이 고이는 모양이다. 회를 입에 대지도 않던 녀석들이 오염 없는 청정한 바다에서 갓 잡아올린 자연산 회 맛을 보더니 아침부터 노래를 부른다. 사실 우리는 몇 점 먹지도 못했다. 주민들이 잡아온 돌돔을 삼만 원어치만 달라고 흥정해 겨우 한 접시 사왔었다. 다행히 한밤중에 마라분교 선생님이 오후에 낚시로 직접 잡았다며 술과 회 한 접시를 더 주셨다. 물컹한 물고기의 생살을 씹는 맛이 뭔지 도통 모르던 나도 처음으로 맛있다는 소리를 하며 회를 먹었다.

간밤의 돌돔 생각에 입맛을 다시면서 아침을 먹고, 부지런히 텐트를 걷었다. 첫배로 관광객들이 들어오기 전에 자리를 치우는 게 예의인 것 같았다. 마라분교 주변 구석구석에 떨어진 쓰레기들도 함께 주웠다. 우리가 이 섬에서 받은 축복에 비하면 그것은 너무 보잘것없는 보답이라는 생각이 들었다.

섬을 떠나기 위해 짐을 꾸리면서 객지생활 끝에 먼 길을 돌아 고향 땅에 와서 안착했다던 어제 들른 자장면집 젊은 부부 생각이 났다. 우리에게도 팍팍한 세상의 한복판에서 지쳐 쓰러질 즈음 훌훌 털고 언제든 돌아가 의탁할 수 있는 이런 섬과 고향이 있다면 얼마나 좋을까. 그런데 지금 생각해보니 바다 건너 멀리 경기도 광주의 산속에 있는 우리 집도 일상의 바다에 떠 있는 하나의 섬이라고 여겨졌다. 내가 있어야 할 섬, 그 섬으로 돌아갈 때가 다가오고 있었다.

여행을 떠나며 챙긴 여러 권의 책 가운데 사진작가 김영갑의 《그 섬에

내가 있었네》가 있다. 시인 이생진은 "마라도에 오면 왜 미치는가"라고
시작하는 시에서 섬에 미쳐 카메라를 들고 죽을 때까지 떠돈 김영갑을 이
렇게 노래했다.

"마라도에 미쳐 / 결혼을 포기했고 / 서울을 포기했고 / 고향을 포기하
고 / 파도만 쫓아다니며 사진을 찍는데 / 이번엔 사진기가 바다에 미쳐 /
마라도를 떠나지 않는다 / 밤엔 마라도 전체가 미쳐 깜깜한 하늘에 뜬 별
/ 발밑은 모두 위험한 절벽인데 / 밤에도 미쳐 헤맨다는 것은 / 여간 미치
는 것이 아니다 / 서울 어느 골목에 이런 유괴가 있을까 / 마라도에서는
서울보다 하늘이 가깝고 / 희망보다 절벽이 가까워서 꿈이 많다 / 하늘로
가고 싶은 꿈이 많다" – 이생진, 〈미친 사람들 – 마라도 15〉

그러나 김영갑은 내가 이 여행을 꿈꾸기 시작할 무렵인 2005년 5월 루
게릭병으로 영영 섬을 떠났다. 제주도로 돌아가 그의 갤러리를 찾는 것이
우리 제주 여행의 주요한 목적 중 하나였다.

과자를 사러 가서
행복을 안고 오다

첫배가 도착하기 전에는 자전거대여소도 문을 열지 않았다. 마라도 사
람들의 일과는 관광객을 실은 첫배와 함께 시작되는 모양이다. 자전거 때
문에 일찌감치 선착장에 짐을 부려놓고 있었는데 여간 낭패가 아니었다.

풀이 죽은 아이들은 그럴 줄 알았다는 듯이 뚱한 표정으로 말이 없었다.

"미안해서 어쩌지, 과자라도 사다가 애들 달래줘야겠다."

남편은 짐과 우리 모녀를 두고 마을로 갔다. 우리 옆 벤치에는 제주로 나가려는 마라도 아주머니들이 모여앉아 이야기를 나누고 있었다. 우리는 섬사람들의 사투리를 도통 알아들을 수 없었다. 높은 파도소리와 마라도 사람들의 억센 억양만이 귓전에서 윙윙거렸다.

"와, 아빠가 자전거 타고 온다!"

언덕 너머로 사라졌던 남편이 자전거를 타고 달려오고 있었다. 문득 《행복은 자전거를 타고 온다》는 이반 일리치의 책 제목이 떠올랐다. 과자를 사러 가서 행복을 안고 오는구나.

"배 들어올 시간 다 됐는데……."

떨 듯이 좋아하는 아이들을 나는 걱정스러운 얼굴로 바라보았다.

"아직 이십 분이나 남았잖아. 사정해서 겨우 빌렸어. 자, 빨리, 누가 먼저 탈래?"

남편은 한바라를 먼저 자전거 뒤에 태우고 섬을 한 바퀴 돌아왔다. 오르막길로 서둘러 페달을 밟아 올라가는 남편의 모습이 힘겨워 보였다. 섬을 한 바퀴 일주하고 돌아온 남편은 이미 숨이 턱까지 차올라 있었다.

"자, 이제 마로! 기다려, 당신도 태워줄게."

"무슨! 얼른 갔다가 자전거 돌려주고 와요. 벌써 배 들어올 시간 다 됐어."

엄마만 한 큰딸을 태우고 달려가는 남편의 자전거는 더욱 힘에 부쳐 보였다. 그런데 어느새 배가 다가오고 있었다.

나는 매일매일 돋는 해와 지는 해를 바라보자던 방정환 선생의 어린이선언문을 좋아한다.
마라도는 돋는 해와 지는 해를 한곳에서 볼 수 있는 행복한 섬이다.
해가 돋는 마라도의 동쪽 바닷가에서.

"어, 엄마. 어떡해."

배를 본 한바라도 걱정하기 시작했다. 나는 언덕 위로 올라가 보았지만 남편은 보이지 않았다. 설상가상으로 함께 배를 기다리던 마을 사람들도 어느새 사라지고 없었다. 선착장 쪽으로 다가오던 배는 어느 틈엔가 섬의 반대편으로 뱃머리를 틀며 멀어지고 있었다. 파도가 높아 배를 대지 못하고 선회한 것이었다. 우리만 빼고 다른 사람들은 모두 그쪽으로 이동하고 있었다.

'알아서 적당히 타고 와야지. 어린애도 아니고 이게 뭐야!'

기다리다 지친 나는 부아가 치밀어올랐다.

"엄마, 아빠랑 언니 배 못 타면 어떡해."

한바라가 옆에서 발을 동동 구른다.

"두고 가지 뭐."

"엄마!"

"농담이야. 일단 우리가 짐부터 옮기자."

내가 큰 배낭 두 개와 카고백까지 들고 낑낑거리며 겨우 언덕을 올라가자 얼굴이 벌겋게 상기된 채로 남편과 마로가 달려왔다.

제주도로 가는 배는 반대편 선착장에서도 몇 차례 접안을 시도한 끝에 겨우 배를 댈 수 있었다. 태풍이 오는 모양이었다.

초콜릿과
노후 생각

마라도에 있던 초콜릿박물관은 모슬포에서 가까운 남제주군 대정읍에 있는 초콜릿박물관의 홍보관이었다. 박물관 홈페이지에는 "자연과 더불어 살면서 찾아오는 손님과, 낮에는 낚시질하고 등산하며 같이 놀아주고 저녁에는 우리가 빚은 포도주 들며 도란도란 이야기 나누고, 다음날 객이 떠날 때 그의 손에 손자나 아이들 주라며 우리가 손수 만든 초콜릿을 쥐어주면서 사는 것. 그래서 늘 인기 있는 할머니가 되는" 꿈을 꾸면서 시작한 일이라고 쓰여 있었다. 2002년에 문을 연 박물관은 1978년부터 준비한 부부의 노후 계획이었다. 부러웠다. 나는 달콤쌉싸래한 초콜릿을 입에 물고서 우리들의 노후에 대해 생각해보았다.

"엄만 너희들 시집보내고 나면 아빠랑 둘이서 트래킹이나 다니면서 노후를 즐길 거야."

"싫어, 난 시집 안 가고 마라도 같은 데다 예쁜 집 짓고 엄마랑 아빠랑 '노을' 을 즐길 거야."

마로가 얼른 말을 받았다.

"아빠도 싫어. 노을은 네 남편이랑 즐겨. 왜 엄마랑 아빨 방해해."

남편의 말에 딸들이 치사하다며 눈을 흘긴다.

"한바라는 시집갈 모양이지?"

동생의 대답은 마로가 가로챘다.

"엄마, 쟤는 우리가 노을을 즐길 돈을 벌어야지."

아이 말대로 노후든 노을이든 즐기자면 준비가 필요할 텐데, 우리는 지금 과연 무엇을 저축하고 있는가. 남들이 말하는 노후자금이라면 언감생심 꿈도 못 꾸고 있다. 모르겠다. 당장은 추억이라도 많이 쌓아두련다.

오늘 하루 일정은 박물관과 전시장에 집중하기로 했다. 아이들이 선택한 초콜릿박물관을 나와서 엄마 아빠가 고른 이중섭기념관과 김영갑갤러리를 향해 섬을 시계반대방향으로 돌기 시작했다.

이중섭에게 제주도는 고통을 피해 달아난 '따뜻한 남쪽 나라'였다. 한국전쟁 당시 피난 온 그의 가족들은 서귀포의 단칸방에서 1년 남짓 살았다. 그러나 생활고 때문에 아내와 아들들을 일본으로 떠나보낸 후 그는 외로움에 떨다가 혼자 쓸쓸히 병상에서 죽었다. 낙원의 기억이란 원래 그렇게 속절없이 짧기만 한 것인지도 모르겠다. 이중섭기념관에는 그가 살았던 집이 옛 모습대로 보존되어 있었다. 그의 그림처럼 미술관 창밖으로 서귀포 앞바다의 풍도가 그대로 보였다.

남편은 학창시절 우리에게 시를 가르치던 구상 시인이 젊은 날의 이중섭에 대해 한 이야기를 되새겼다.

"이중섭의 어린애 같은 그림들이 얼마나 치열한 습작을 거친 것인지 여러분은 알아야 합니다. 동경에 있던 그의 자취방에 가면 방바닥에서 천장까지 그가 그린 습작지들로 가득 메워져 있었어요."

선생은 어린 우리들이 주장만 많았지 정작 우직하게 해야 할 일에 몰두하지 못하고 열에 들떠 있는 모습을 늘 걱정했던 것이다.

기념관에는 이중섭에게 방을 세주었던 할머니가 지금도 그곳에서 살고 있다는 사실이 놀라웠다. 기념관에는 그가 살던 방은 우리 가족이 쓰는 텐트보다 그다지 크지 않았다. 네 식구가 서로 몸이 닿지 않고는 몸을 누일 수도 없을 만큼 좁은 방이다. 그가 만일 넓은 저택에서 풍요롭게 살았다면 그토록 절절한 가족에 대한 사랑을 그림으로 그릴 수 있었을까. 방 안에는 천장에 매달린 알 전구와 그의 형형한 눈빛이 살아 있는 흑백사진 그리고 〈소의 말〉이라는 시가 벽에 붙어 있었다. "삶은 외롭고 서글프고 그리운 것"이라는 구절이 자꾸 우리의 발목을 붙잡았다. 마당가에는 붉은 맨드라미가 무심하게 한낮의 태양을 견디며 서 있었다.

캔버스가 없으면 나무판자에, 맨 종이 위에, 담뱃갑 은박지 위에 못과 연필로라도 그림을 그리던 사람. 그리지 않고는 견디지 못하고 오로지 그것만으로 자신을 확인하던 사람. 절친한 친구가 병원에 입원했을 때 돈이 없어서 병문안을 못 가다가 결국 종이에 천도복숭아를 그려서 어렵게 손을 내밀었다는 사람. 나는 이중섭의 그림들을 보다가 결혼하기 전, 생일선물 대신 장미꽃을 쥔 자신의 손을 그려준 남편의 편지 한 통이 생각났다.

여행을 마치고 집에 돌아와서는 1999년 갤러리 현대에서 열렸던 〈이중섭〉 전시회 도록을 펼쳐보다가 마로가 한 말 때문에 그만 가슴이 철렁 내려앉았다. 마로는 종이에 연필로 그린 〈소년〉이라는 그림을 가리키며 그것이 가장 기억에 남는다고 했다.

"이 그림이 왜 좋은데?"

"나랑 똑같잖아. 나도 맨날 저렇게 엄마 기다리잖아."

지평선에 나무가 한 그루 있고 길 위에 어린아이가 무릎을 끌어안은 채 고개를 파묻고 있는 그림이었다.

좋은 그림은 보는 이의 가슴 깊은 곳에 숨어 있던 이야기들을 길어올리는 것이라 믿는다. 이중섭의 소가 일제에 항거하는 조국을 상징한다느니

이중섭이 가족들과 제주도로 피난 와 1년 남짓 살던 서귀포의 단칸방. 벽에는 이중섭이 지은
"(…) 삶은 외롭고 서글프고 그리운 것 (…)"이라는 시가 적혀 있다.
이중섭기념관 아래 있는 이 집에는 당시 이중섭에게 세를 주었던 할머니가 그때까지 살고 있
었다.

하는 시험문제 같은 답답한 해석보다 딸아이의 이야기가 더 절절하게 다
가왔다.

빨간 고무장갑 끼고 백록담을 올랐던
'용감한 누님'

서귀포시 중문단지에 있는 관광안내소에서 지도를 보며 다음 일정을
의논하고 있을 때 전화가 걸려왔다.

"누님! 어디 계세요? 계속 전화가 안 되대?"

겨울 한라산 등반을 함께 했던 김승민 씨였다. 제주적십자사 산악구조
대 대원인 그는 '한라산사랑지기'라는 홈페이지를 통해 고향인 제주도와
한라산에 대한 사랑을 소박하게 실천하고 있다. 녹동항에서 제주도로 들
어오기 전날, 그의 홈페이지에 안부 인사를 남겼는데 그걸 보고 계속 전화
를 했던 모양이다. 한라산에 있을 때와 마라도에 들어갔을 때는 휴대전화
를 꺼놓고 있었다. 달리는 차 안에서 차량용 충전기로 충전해야 했기에 최
대한 배터리를 아껴야 했다.

그는 제주항만청에서 가족 단위 육지 관광객들에 한해 등대시설을 콘
도처럼 무료로 개방하고 있다는 사실을 알려주기도 했다. 제주도민은 이
용할 수 없다며 만약 등대에 묵게 되면 자기를 꼭 초청해달라고 했었다.
그러나 떠나기 전에 우왕좌왕하다가 신청기간을 놓쳤다. 대신 우리가 묵
을 모구리 야영장으로 그를 초대했다. 엄밀히 말하면 초대라는 말은 가당
치도 않다. 제주 사람들이 휴가철만 되면 몰려드는 '육지 것들' 때문에 몸

살을 잃는다는 것을 잘 알고 있기 때문에 일부러 그에게 전화를 하지 않았는데 그런 마음은 역시 '육지 것들' 만의 계산적인 정서였나 보다. 그는 연락도 안 하고 그냥 갈 셈이었느냐고 항의하며, 우리가 다음 목적지로 정한 김영갑갤러리 근처 표선 해수욕장 앞에서 기다리고 있겠다고 거의 명령에 가깝게 말했다.

그의 집은 김영갑갤러리에서 가까운 표선면 가시리였다. 우리가 오늘 텐트를 치려고 점찍어놓은 모구리 야영장도 그의 동네 앞마당이나 마찬가지였다. 결국 오늘은 반가운 사람을 위해 더 이상의 유랑은 포기했다. 승민 씨의 안내로 한라산 중산간 마을에 있는 모구리 야영장으로 향했다.

김영갑의 책 곳곳에는 중산간 마을에 대한 각별한 애정이 담겨 있다. 깊이를 알 수 없을 정도로 깊고 짙은 숲 사이로 뻗어 있는 도로, 까마득하게 내려다보이는 드넓은 들판과 수평선. 그나마 지금은 곳곳에 도로가 뚫려 있지만 예전에는 더욱 원시적인 생명력과 아득한 고절감이 사람들의 외로움을 가슴 밑바닥까지 후벼 파지 않았을까.

야영장에 도착하자 승민 씨는 자신의 차 트렁크에서 이삿짐에 가까운 짐들을 부려 놓기 시작했다. 자동차 바퀴의 휠을 개조해 만든 커다란 바비큐 그릴과 대형 아이스박스, 유명하다는 중산간 마을의 돼지고기와 가시리 순댓집의 순댓국, 지금 떠올려도 입 안에 군침이 가득 고이는 잘 삭은 멸치젓, 자신은 전혀 술을 못 마시면서 시원한 맥주에 아이들에게 줄 과자까지, 그의 세심한 준비는 우리를 감동시켰다.

"이게 다 뭐예요? 우리가 식사 대접하려고 장 다 봐서 왔는데."

"그건 나중에 드시고 오늘은 제가 대접합니다."

노을 지는 모구리 야영장에서 제주 사람 김승민 씨가 우리를 위해 차려준 잊지 못할 저녁 식탁. 여행은 사람이 있어야 비로소 깊어진다는 것을 알게 해준 우리 가족의 친구다. 모구리 야영장은 모구리 오름 때문에 붙여진 이름으로 야영장 내에 오름 산책로가 있다.

그가 구워주는 돼지고기를 제주도 식으로 멸치젓에 찍어 먹는 맛은 기막혔다. 게다가 한라산을 배경으로 장엄하게 하늘을 물들인 노을을 보며 술잔을 기울이는 맛이라니.

"누님, 그때 빨간 고무장갑 끼고 진짜 용감했었는데……. 니들 엄마가 산에서 얼마나 씩씩한지 알아?"

"고무장갑이라뇨?"

"우리 백록담 올라갈 때 고무장갑 끼고 러셀 했잖아요?"

"아, 맞다. 그 촌스러운 패션!"

겨울철 한라산에서는 키를 넘을 정도로 눈이 쌓이는 일이 많다. 허리까지 빠지는 눈길을 보통의 장갑만으로 헤쳐가기는 힘들다. 산에서 눈을 헤치고 길을 뚫어 다지면서 앞으로 나가려면 방수 덧바지에 스패츠를 차고 손에는 장갑 위에 팔목까지 감싸는 덧장갑을 끼어야 한다. 한라산 경험이 많은 그가 장갑이 젖을 것에 대비해 준비했던 빨간 고무장갑이 그날 산행에서 무척 유용하게 쓰였었다. 빨간 고무장갑을 낀 채 한 치 앞도 보이지 않게 매섭게 몰아치는 눈보라를 뚫고 산을 오르던 그 겨울 산행의 추억이 생생하게 되살아나는 것 같았다. 고등학교 때부터 한라산을 200번도 넘게 오르내렸다는 그의 안내가 없었다면 불가능한 산행이었다.

벗이 있어 더욱 즐거운 모구리 야영장의 저녁식사

"너희들 마라도에서 애기업개당 봤어?"

"그게 뭔데요?"

승민 씨의 질문에 아이들이 눈이 휘둥그레져서 물었다.

"에이, 못 봤구나. 마라도에 가서 나쁜 짓을 한 사람은 애기업개한테 혼이 나. 섬에서 나올 수가 없어."

승민 씨는 마라도의 애기업개당 전설을 아이들에게 실감나게 들려주었다. 애기업개는 아기를 돌보며 종살이를 하는 어린 여자 아이를 이르는 제주 말이다. 무인도였던 마라도에 갔다가 풍랑이 거세져 여러 날 바다를 건너올 수 없었던 부잣집 부부가 꿈속에서 산 사람을 제물로 바치라는 요구를 듣는다. 그들은 애기업개에게 아기 기저귀를 바위 위에 두고왔으니 가져오라고 속인 뒤 빈 섬에 애기업개만 홀로 남겨두고 마라도를 떠났다. 양심의 가책에 시달리던 부부가 다음 해에 그 섬을 찾았을 때, 해안가 절벽 위에는 하얗게 탈육된 애기업개의 뼈가 바다를 향해 절규하듯 놓여 있었다. 그 자리에 지금 작은 사당이 세워져 있었다. 그런데 그 뒤로도 부정한 사람들이 마라도에 오면 풍랑이 거세져 바다를 건너기 어렵게 되었다고 한다.

그 말을 들은 마로가 갑자기 심각한 표정이 되었다.

"엄마, 나 사실은 아까 마라도 벤치에다 낙서를 했었거든. 그래서 파도가 그렇게 거세졌나 봐."

"뭐라고 썼는데?"

"마로 다녀가다, 이렇게 썼다가 그러면 안 될 것 같아서 얼른 지웠어. 만약에 내가 안 지웠으면 우리 모두 마라도에서 못 나올 뻔했다."

"그렇지? 맞아. 한바라는 혹시 나쁜 짓 한 거 없어?"

승민 씨는 장난스러운 표정으로 겁을 주듯이 말했다.

"없어요!"

마로는 파도 때문에 배가 선착장에 닿지 못하자 은근히 겁이 났었다고 했다.

모구리 야영장의 해 질 녘 풍경은 좋은 벗과 함께 해 노을이 더욱 아름 다웠다. 남제주군 성산읍 난산리에 있는 모구리 야영장의 해 질 녘 풍경은 첩첩이 솟아 있는 오름 때문에 이국적인 정취가 물씬 풍기는 곳이었다. 게 다가 취사장과 샤워시설도 꽤 잘 갖추어져 있었다. 그리고 제주의 여느 야 영장보다도 한적했다.

오늘은 제주도로 가는 날이다. 배가 올 때 20분 전에 아빠가 자전거를 빌려와 신나게 타고 오니 배가 왔다. 그런데 파도가 너무 세게 쳐서 배를 잘 못 댔다. 간신히 배를 대서 제주도 에 도착했다. 오늘은 가장 먼저 초콜릿박물관에 갔다. 박물관에는 세계 여러 나라 초콜릿 이 전시되어 있었 다. 또 엄마가 13,000원쯤 되는 초콜릿 1상자를 사주셨다. 맛있었다. 그리고 이중섭기념관도 갔다. 멋진 그림이 많았다. 모구리 야영장에서 김승민 삼촌이 한라 산 조난사건 얘기도 해주셨다. 그 삼촌이 구조대 중 1명이시다.

얘들아, 언젠간 혼자 떠나야지

대지의 열정을 품은
오름

'오르다'는 태생적으로 저항의지를 가진 동사다. 모든 물체들이 중력에 의해 끌어당겨지는 땅에서, 오른다는 행위는 그 자체로 중력에 대한 저항을 전제로 한 것이다. 그래서 저잣거리의 편안함에 머물지 않고 높고 희박한 공기 속으로 자꾸 올라가려는 사람들의 내면에서는 애써 드러내지 않아도 그런 의지가 느껴진다. 내가 산과 산사람들을 좋아하는 이유도 거기 있다. 돈이나 권력이나 계산된 잇속과는 무관하게 자기 내면의 요구에 따라 중력을 거스르는 사람들. 언젠가 풍수학자 최창조 선생에게서 들은 "풍수에서는 논두렁만 되어도 산으로 본다"는 말이 기억에 남는다. 결국 산이란 평평한 대지에 반해 솟아오른 모든 반역의 기운을 이르는 말이 아닐까.

오름은 한라산이 폭발할 때 생긴 기생화산을 부르는 제주도 방언이다. 제주도에서 산이라 부르는 것은 한라산과 송악산, 산방산, 영주산뿐이고 나머지는 모두 오름이다. 높은 곳에서 제주를 내려다보면 온몸에 두드러기가 난 것처럼 오름이 봉긋봉긋 솟아올라 있어 그야말로 제주가 오름의 세상이라는 것을 실감할 수 있다. 오름이라는 말은 산보다 솔직하다. 그냥 있는 그대로 자신을 드러낸 말 같다. '나는 땅에서 솟아오른다', '올랐다'가 아니라 '오른다'. 지금도 오름 밑에서는 들끓는 대지의 열정이 가만히 숨을 고르고 있을지도 모르겠다.

제주에 두어 번 왔었지만 그냥 스쳐 지나간 오름에 이번만은 꼭 오르고 싶었다. 알려지기로 제주에는 368개의 오름이 있다고 한다. 요즘은 오름 전문 트래킹 회사도 생겼고, 제주에도 오름만 찾아다니는 산악회가 있다.

그런 내 마음을 읽은 승민 씨가 오름을 안내하겠다며 아침 일찍 우리 텐트로 찾아왔다. 밤사이 친해진 아이들은 삼촌 차에 타고 싶다며 그와 함께 앞장을 섰다.

차는 탁 트인 벌판 사이를 달리다가 갑자기 시야가 어두워지는 숲의 터널 속으로 달렸다. 수해(樹海)라는 말이 떠올랐다. 사진에서나 보던 이국적인 풍경들이 연상됐다. 길 양옆으로 아름드리 삼나무가 빽빽하게 도열해 있었다. 오름 가는 길에 걸맞게 이 곧고 푸른 나무들 역시 하늘을 향해

발뒤꿈치를 들고 곧게 치솟아 있는 듯했다. 문득 고흐의 그림 속에 나오는 사이프러스나무들이 생각났다. 이렇게 곧게 비상하는 것 같은 나무들을 대지에 활활 불을 지르는 불꽃처럼 그려냈던 그의 내면을 짐작해본다.

숲의 바다를 통과해 우리가 도착한 곳은 아부오름이었다. 외국에서 온 것 같은 회백색 소들이 말과 함께 풀을 뜯고 있는 목장 앞 표지판에는 '앞오름'이라고 쓰여 있다. 외국 종자들을 들여와 우리 땅에서 키우면 한우로 둔갑한다더니 그런 목적의 목우인 것 같았다.

"여기 송당리 마을 앞에 있다고 해서 그렇게도 불러요. 아부오름은 아버지 다음으로 존경하는 사람을 부르는 말이에요."

승민 씨의 설명이다.

밋밋해 보이는 언덕을 올라가는 데 10분도 채 안 걸렸지만 땀이 송송 맺혔다. 아침부터 푹푹 찌는 날씨였다.

"한라산 하나만 가기로 했는데, 또 산이야."

이렇게 투덜거리던 아이들도 아부오름 정상에 올라가 보고는 환호성을 질렀다. 신기하게도 올라갈 때는 바람 한 점 없었는데 갑자기 모자가 날아갈 듯 바람이 불었다. 분화구였을 안쪽 분지, 굼부리 안에서 바람이 불어오고 있었다.

"엄마, 꼭 축구장 같아."

가운데가 푹 파인 굼부리 안에는 삼나무들이 울을 두르고 있었다. 오름에서 보는 제주의 들판은 그야말로 오름 세상이었다. 처음 한반도 남쪽 바다가 끓어오르기 시작한 것이 약 120만 년 전, 그때부터 네 차례의 화산 분출 끝에 한라산 백록담이 만들어졌고, 그 산통을 끝내고 남은 여진들이 신음처럼 토해낸 것이 바로 오름이다. 그래서 한라산을 중심으로 제주 섬에 올망졸망 흩어져 있는 오름에는 기생화산이라는 말보다 한라산의 자식들이라는 표현이 더 어울릴지도 모르겠다.

문득 저렇게 자식이 많은 한라산은 다복한 어미일까, 하는 생각이 들었다. 딸만 둘인 우리 부부에게 집안 어른들은 아들을 염두에 두고 '하나 더 낳을 계획이 없는지' 묻곤 하신다. 지금 있는 딸들에게도 온전한 부모 노릇을 못하고 있다고 자책하는 우리들에게는 참으로 난처한 질문이 아닐 수 없다.

"저기 내려가면 더 멋있겠다."

오름 한가운데에는 기가 모인다는 이야기를 들은 적이 있다. 어머니의 자궁 속처럼 편안하다는 사람들도 있다.

"올라올 때 많이 힘들어요."

승민 씨는 오름의 가장 높은 곳과 낮은 곳의 높이 차이는 51미터이지만 그 안의 굼부리는 바닥이 20미터나 더 파여 있다고 했다. 경주의 고분들이 처음에는 아무런 관심을 끌지 못했던 것처럼 오름 역시 제주 사람들에게는 옛날부터 그냥 그 자리에 있던 익숙한 풍경일 뿐이었다. 그 풍경 하나하나에 이름을 붙여주고 의미를 부여한 사람이 《오름나그네》를 펴낸 고 김종철 씨다. 서울에서는 구하기 힘든 그 책을 제주에 오면 살 수 있지 않을까 해서 다음 날 제주를 떠나기 전에 헌책방에 들러볼 계획이었다. 물론 책보다는 영화가 오름을 뭇사람들에게 알리는 데 혁혁한 공을 세웠다. 아부오름은 영화 〈이재수의 난〉으로 유명해진 곳이기도 하다.

"제주도가 관광지이다 보니 가는 곳마다 입장료가 너무 많이 든다고들이야기해요. 그렇지만 여긴 무료예요."

아부오름에서 나와 승민 씨가 안내한 곳은 역시 중산간 지역에 있는 정석항공관이다. 1993년 대전엑스포 당시 인기를 끌었던 대한항공의 홍보관 시설을 표선면 가시리 정석비행장 옆으로 옮겨온 것이다. 바로 승민 씨가 사는 동네였다. 스크린이 360도로 펼쳐지는 멀티 서클비전이라는 홍보영화가 흥미로웠다.

"엄마 중학교 때 물리선생님이 외국에 가면 이런 영화관이 있다고 이야기해주셨는데 그걸 이제야 보게 되네."

"그게 언젠데?"

벌써 22년 전이라고 했더니, 마로는 그 사실 자체가 너무 놀랍다고 했다.

"엄마, 집에 갈 땐 비행기 타면 안 돼? 난 언제 비행기 태워줄 건데?"

항공관 견학을 마친 한바라가 조른다.

"그럼 우리 차는 여기다 버리고 가?"

"아빠만 차 가지고 배 타고 오면 되잖아."

"의리 없게 그럴 수 있어? 그럼 너희만 비행기 태워줄 테니까 공항에서 만날래?"

"……"

"우리 다음엔 꼭 비행기 타고 다시 오자. 그땐 자전거 일주도 하고, 등대에서도 자고……. 제주도에서 못 본 게 얼마나 많은데."

떠나오기 전에 마로는 가족들과 제주도에 가서 호텔에서 자고, 테디베어박물관, 여미지식물원 같은 데를 다녀온 친구가 부러웠다고 말했었다.

오름이라는 말은 산보다 솔직하다. 그냥 있는 그대로 '나는 땅에서 솟아오른다' 라고 자신을
드러내는 것 같다. 사진은 영화 〈이재수의 난〉 촬영지로 유명해진 앞오름. 아부오름이라고도
부른다. 오름은 화산 분출로 한라산이 만들어지고 난 다음 생긴 기생화산인데 제주 섬 전체에
올망졸망 흩뿌려져 있다.

"그런 데는 이다음에 애인이랑 가면 되지."

나는 대수롭지 않게 대꾸했었다.

아이들에게 우리는 돈을 주고도 할 수 없는 의미 있는 여행을 할 것이라고, 거의 세뇌에 가깝도록 말하곤 했지만 아이들이 그 말에 수긍할지는 모르겠다. 그래도 아이들이 이 여행을 통해 어느 날 훌쩍 배낭을 꾸려 혼자 자전거 여행을 떠나거나, 지리산 종주를 하겠다고 나설 수 있는 용기를 갖게 되기를, 그런 씨앗을 마음속에 품게 되기를 바랐다. 엄마처럼 소심하게 나이 마흔을 목전에 두고서야 겨우 여행다운 여행을 떠나지 말고 딸들은 좀 더 자기 의지에 따라 길 위에 설 수 있었으면 싶었다. 낯선 길에서 세상을 배우고 사람을 이해한 수많은 여행 선배들처럼 말이다.

이름은 사람에게나
필요한 것

"엄마, 우리 삼촌 집에 강아지 보러 가자!"

아이들은 승민 씨의 집에 우리 강아지와 같은 리트리버가 있다는 소리에 계속 그렇게 조르고 있었다. 그러고 보니 우리 강이 혼자 집을 지킨 지 벌써 6일째다. 이웃집에 밥을 부탁해놓기는 했지만 개에게는 통 무심했던 나조차 그 녀석이 보고 싶었다. 강이는 불 꺼진 거실을 밤마다 바라보며 과연 무슨 생각을 하고 있을까.

"입도조(入島祖) 24대 손이에요."

승민 씨는 언제부터 제주에 살아왔는지 묻는 우리에게 이렇게 대답했다. 우리는 이렇게 스스로의 존재를 설명해본 일이 있었던가. 표선면 가시리에 있는 그의 집은 이엉을 얹어 올렸던 지붕을 양철로 바꾼 것 말고는 제주의 여느 집들처럼 현무암으로 벽을 쌓아올린 옛 모습 그대로였다. 그의 할아버지와 아버지가 그랬던 것처럼 그도 이 집에서 나고 자랐다. 자신이 태어난 집에서 줄곧 부모와 함께 살 수 있는 사람이 몇이나 될까. 부초처럼 떠돌며 살아온 우리가 그의 집을 부러워한다고 말하면 행여 누가 되는 것일까. 그는 충청도에서 군생활을 하고 서울 용산에서 컴퓨터 관련 일을 하는 동안 잠깐 섬을 떠나 있었다. 그랬던 그가 결혼도 안 한 채 농사를 짓겠다며 섬으로 돌아왔을 때 부모의 마음은 어땠을까. 반가웠을까, 아니면 집을 떠나 넓은 세상에 안주하지 못한 자식이 안쓰러웠을까. 그의 집을 보며 이제껏 내가 태어나 옮겨다닌 집이 얼마나 되는지 헤아려보았다. 바람 앞에 낮게 엎드린 겸손한 제주의 살림집 앞에서 우리는 또다시 감회가 복잡해졌다.

나에게도 바람이 있다면 지금 8년 가까이 살고 있는 우리가 지은 집이 나중에 손자들이 나이가 들어서도 그리워할 수 있는 외갓집으로 계속 남아 있는 것이다. 팔아서 이윤을 남기고 재산을 불리는 수단으로써의 집이 아니라 우리의 영혼이 집과 함께 늙어갈 그런 쉼터. 지금 사는 집에서 흔들림 없이 오래오래 살 수 있을 정도의 여유가 우리에게 계속 허락되기만 해도 바랄 게 없겠다.

그의 집 앞마당에는 새롭게 재배하기 시작한 애플민트, 라벤더, 로즈마리 같은 허브가 무성했다. 뒤꼍으로는 그와 형제들을 길러냈을 감귤나무들이 한창 진초록 열매를 맺고 있었다. 제주 섬의 부모들에게는 자식 공부를 시키던 '대학나무'였고, 그 부모의 부모의 조상들에게는 임금님에게나 올리던 '진상나무'였을 감귤나무 말이다. 조선 시대에는 귤 공출이 어찌나 가혹했던지 견디다 못한 섬사람들이 아예 나무를 베어버리기까지 했을 정도라고 했다.

"삼촌이 어렸을 때는 땅에 떨어진 것들만 골라서 귤 껍질까지도 다 먹었어."

그랬던 감귤이 이제는 인건비에도 못 미치는 헐값이 되었다. 겨울이면 아예 수확을 포기해 눈을 뒤집어쓴 채 썩어가는 일도 속출하고 있다고 했다. 사연 많은 감귤나무 그늘에서 졸고 있던 순한 리트리버 두 마리가 주인을 보고 꼬리를 흔들며 달려왔다.

"삼촌, 애네 이름이 뭐예요?"

"이름? 없어. 그냥 야, 애 이리와, 그렇게 부르는데."

"에이, 그래도 이름이 있어야 자기를 부르는 줄 알죠."

"그럼, 마로랑 한바라가 이름 좀 지어줘."

이름이 없다는 건 자신을 남과 구별할 필요를 못 느낀다는 것이다. 그렇지, 이름은 사람에게나 필요한 거지. 풀도 나무도 물고기도 이름 없이 잘살고 있다는 사실이 새삼스러웠다.

빛바랜
흑백사진 속의 이야기들

많은 질문을 던져준 그의 집에서 나와, 어제 가려고 했던 김영갑갤러리로 갔다. 제주도가 껴안은 또 한 명의 슬픈 예술가 김영갑의 갤러리는 서귀포시 성산읍 삼달초등학교 터에 있었다. 학교는 오래 전에 폐교된 모양이었다.

사람들의 고통을 저울로 계량해 비교하는 일은 불가능하고 또 부질없는 일일 것이다. 김영갑 역시 외로움과 고통 속에서 자신의 예술혼을 남김없이 태우고 죽었다. 루게릭병으로 죽어가던 그가 카메라 셔터를 누를 힘마저 없어진 뒤에 매달린 게 이 갤러리를 만드는 일이었다. 갤러리는 책에서 읽고 상상했던 것보다 잘 꾸며져 있었다. 오히려 너무 잘 가꿔져 있어서 정말 그가 이 모든 일을 꾸미고 진행했는지 의아할 지경이었다.

나는 전깃줄이 그대로 드러나 있는 그의 하늘 사진들이 좋다. 사진기자들과 출장을 가면 풍경사진을 찍을 때 전깃줄이 없는 곳을 찾느라 가장 많은 시간을 허비한다. 나는 그때마다 전깃줄이 빠진 풍경사진은 모두 정직하지 못하다고 생각했었다. 그의 사진은 그런 내 마음과 잘 통하는 것 같았다.

“엄마, 뭐 해?”

“이 나무가 몇 살이나 됐을지 궁금해서.”

군데군데 화산석이 깔린 넓은 전시실 한가운데 놓인 탁자에 앉아 있으면 그가 즐겨 찍는 파노라마 사진의 프레임 그대로 뚫어놓은 창문이 보인다. 창밖으로 그가 목숨보다 사랑한 제주의 풍경들이 있었다. 나는 탁자에 턱을 괴고 한참 동안 창밖을 내다보다가, 두꺼운 나무 탁자의 나이테를 세어보았다. 김영갑의 나이테는 불과 49개를 넘기지 못했다. 대신 지친 도시의 영혼들에게 맑은 눈으로 세상을 다시 보게 하는 이 갤러리를

김영갑갤러리 〈두모악〉에서. 나의 시선이 마주 보이는 곳에 김영갑이 즐겨 찍던 파노라마 사진의 프레임과 같은 모양의 창이 있었다. 창밖으로 내다보이는 풍경과 사진 사이에서 제주도와 마라도에 미쳤던 예술가의 열정에 대해 생각하니 가슴이 먹먹했다. 아이들은 갤러리를 나오면서 "이 아저씨 사진은 너무 우울하다"라고 했다.

남겼다.

김영갑의 '두모악'에서 멀지 않은 곳, 가시 초등학교 자리에 또 다른 사진 갤러리 '자연사랑'(自然寫廊)이 있다. 승민 씨가 김영갑만 볼 게 아니라 제주 사람이 찍은 제주의 풍경도 보라고 권해준 곳이었다. 자연사랑을 만든 서재철 씨는 30여 년간 제주 지역 일간지의 사진기자로 활동했던 사람이다. 김영갑처럼 필름과 인화지가 없어 밥을 굶지는 않았겠지만 그의 갤러리에는 제주 사람만이 가능했을 오랜 시간과 정열이 인화된 사진들이 여러 장 진열되어 있었다. 김영갑갤러리에는 김영갑의 흔적만 남아 있었지만, 자연사랑갤러리의 복도에는 가시 초등학교 학생들의 단체 졸업사진들이 걸려 있었다.

"여기 사진 속에 삼촌도 있다. 한번 찾아볼래?"

승민 씨가 어린 시절 수도 없이 기름 걸레질을 했을 복도 한쪽에 박제된 듯한 그의 어린 시절이 액자에 걸려 있었다. 때론 이름을 남기지 않는 무명의 사진사가 찍은 그 빛바랜 흑백사진들이 우리에게 더 많은 말들을 하는 것 같다. 시골 학교들이 모조리 폐교가 돼 이렇게 용도전환되는 것은 섬이나 뭍이나 마찬가지였다.

아이들은 두모악보다는 소박하고 아기자기하게 꾸며진 자연사랑갤러리가 더 마음에 든다고 했다. 아마도 죽은 사람의 추억만 남은 곳보다는 살아 있는 사람이 쉼 없이 손때를 묻혀 가꾸고 있는 곳이 더욱 활기차게 느껴진 모양이다.

승민 씨는 우리를 텔레비전 드라마 〈올인〉의 인기 때문에 많은 관광객이 몰려온다는 섭지코지로 안내했다. 드라마를 본 적 없는 우리 가족들은 아무런 선입견 없이, 있는 그대로의 풍경에 감탄했다. 바다와 검은 현무암 절벽과 초원 그리고 길을 걷는 사람들이 잘 어우러져 목가적인 풍경을 연출하고 있었다.

사진보다 오래 남는
혀끝의 감동

성산일출봉이 내다보이는 '섭지해녀의 집'에서 '갱이죽'으로 점심을 먹었다. 게를 껍질째 갈아서 만든 죽인데 고소하고 담백했다. 가시리 순댓국에 이어 승민 씨가 아니었으면 절대로 맛볼 수 없었을 제주의 별미였다. 여행을 다녀보면 혀끝의 감동이 사진보다도 오래 남곤 한다.

섭지해녀의 집이 인상적인 것은 그 식당이 일종의 해녀공동체로 운영된다는 점이었다. 해녀들은 당번제로 돌아가며 조리와 홀 서비스를 하고, 당번이 아닐 때는 바다에서 물질을 하며 전복과 소라 등 해산물을 채취하고 있었다. 식당의 수입은 공평하게 나누어 가진다고 했다. 비교적 물질이 쉬운 얕은 바다는 은퇴를 앞둔 나이 든 해녀들에게 배정하고 젊은 해녀들은 깊은 바다로 나간다는 설명도 들었다. 진짜 공평하다는 것이 무엇인지를 생각하게 하는 말이었다. 승민 씨는 제주에는 이렇게 따뜻한 마을 공동체가 굳건히 남아 있는 곳이 여전히 많다고 했다.

섭지코지에서 승민 씨와 아쉬운 작별을 하고, 우리는 제주에서의 마지막 밤을 향해 해안도로를 달렸다. 태평양을 향해 열린 반짝이는 남쪽 바다와 달리 북쪽 바다는 섬을 떠나야 할 시간이 가까워졌다는 것을 아는지

섭지코지 전망대에서 바라본 성산일출봉과 바다로 가는 길. 우리도 이제 이 아름다운 길에서
내려와 일상으로 되돌아가야 한다.

바람이 스산하고 쓸쓸한 느낌을 갖게 했다. 해가 저물면서 다시 구름이 몰려들고 있었다. 이내가 깔리는 저녁 바다는 세상의 모든 빛을 빨아들이는 듯 해안을 향해 검은 물결을 토해내고 있었다. 한라산을 경계로 제주의 북쪽과 남쪽은 날씨가 확연히 다르다는 것을 실감하게 해주었다. 이제 우리는 섬의 북쪽으로 훌쩍 올라와버린 것이다.

남편과 같이 있으니 여자들끼리만 있을 때보다 하루가 무척 길게 느껴졌다. 날이 어두워져도 잠자리 때문에 서두를 필요가 없었다. 천천히 시간을 늘려서라도 지금 이 순간을 붙잡고 싶었는지도 모르겠다. 살바도르 달리의 그림에 나오는 엿가락처럼 늘어진 시계가 떠올랐다. 가끔은 세상의 흐름과 무관하게 움직이는 그런 시간을 향유하고 싶은지도 모르겠다.
"아빠, 오늘은 여관에서 자자. 나 따뜻한 물로 샤워하고 싶어."
"나두, 너무 끈적끈적하고 찝찝해."
아이들뿐 아니라 나도 많이 지쳐 있었다. 기대고 의지할 상대가 곁에 있다는 것만으로 마음이 많이 약해지기도 했고 이제 여행이 막바지라는 생각 때문인지 만사가 귀찮아지기도 했다. 그런 의미에서 남편이라는 존재는 나에게 벽인 것 같다. 울타리와 버팀목이 되기도 하지만 스스로를 안주하게 만드는 껍질 같은 존재가 되기도 한다.
바닷바람 때문에 차도 많이 지쳤을 것 같았다. 우리는 바닷가에서 마땅한 숙소를 찾아 헤맸지만 결국 어스름 녘에 다시 한라산으로 들어갔다.
"아빠가 오늘 밤에 진짜로 편안하게 해줄게!"
처음 제주도에 들어와 묵었던 관음사 야영장에서 다시 마지막 밤을 보내기로 했다. 여름철 야영지로는 아무래도 바닷가보다는 높은 산이 좋다. 끈적끈적한 바닷가 습기보다는 비록 모기들이 기승을 부릴지라도 서늘한 산바람이 한결 좋았다. 하늘은 우리를 그냥 보내기가 아쉽다는 듯 밤사이 가볍게 비를 뿌렸다.

어제 만난 삼촌과 앞오름에 올라갔다. 올라가니 아래가 축구장 같았다. 그리고 자연사랑 갤러리도 갔다. 아름다운 사진들이 많았다. 그 전시관이 폐교였는데 승민 삼촌이 그 학교를 나오셨다. 정석비행장도 갔다. 거기서 세계 여러 나라가 나오는 영화도 봤다.

그다음 승민 삼촌 집에 갔다. 거기에서 약 40종류나 되는 허브를 기르고 감귤농사도 지으신다. 또 골든 리트리버 두 마리도 기르신다. 두모악 김영갑갤러리도 갔다. 여러 가지 사진이 많았다. 이제 삼촌과 헤어지고 아빠가 가장 아늑하다고 한 관음사 야영장으로 갔다.

내일 집에 간다는 게 즐겁다.

살아가는 동안 문득문득 그리워질 시간들

숱한 숙제들을 남겨두고

'여행은 자기의 성을 떠나 현실로 되돌아오는 것입니다.'

부엌 싱크대 앞 창틀에 놓인 탁상달력에 적힌 글귀다. 나는 매일 아침 저녁으로 설거지를 하면서 그 글을 주문처럼 되뇌었다. 신영복 선생의 서화달력이었는데 마치 나를 위한 말 같았다. 그래, 나는 떠났다. 그렇지만 나를 둘러싼 단단한 일상의 성벽을 완벽하게 떠났었는지에 대해서는 자신이 없다. 그러나 분명한 것은 되돌아가야 한다는 것이다. 녹동으로 돌아가는 배는 저녁 6시에 섬을 떠난다. 집으로 돌아가는 나는 떠나올 때의 나와 얼마나 달라졌을까.

아침 일찍 제주 시내로 나가서 목욕탕에 들러 묵은 때를 벗겼다. 아마도 이제껏 살아오면서 가장 많은 지역의 바람과 먼지가 뒤섞인 고차원적인 때일 것이다. 우리는 목욕탕에서 찬물과 더운물을 오가며 오랜만에 문명의 편리를 마음껏 즐겼다.

깨끗이 씻은 아이들을 소원대로 제주 기적의 도서관에 내려주고, 남편과 나는 헌책방을 찾아나섰다. 집이나 회사가 이사를 가면 그 동네 헌책방부터 찾는 게 통과의례가 된 우리 부부에게 헌책방은 보물찾기를 하며 쉴 수 있는 놀이터였다.

섬에 있는 헌책방에서 육지와는 다른 특별한 무엇을 기대했지만 별 소득이 없었다. 그럼에도 책 욕심을 자제하지 못하고 새 책이나 다를 바 없는 책을 몇 권 샀다. 애초 우리가 기대했던 섬사람들의 체취가 느껴지는, 누군가의 밑줄이 그어진 혹은 책갈피에 사투리가 섞인 메모지라도 끼어 있는 책은 찾지 못했다. 제주에 대한 이해가 부족한 탓에 숨어 있는 보물들을 제대로 발견하지 못했을 수도 있다. 또 시간에 쫓겨 건성으로 책꽂이를 일별했기 때문에 그랬을 수도 있다. 우리의 여행 가운데 가장 많은 시간을 할애한 곳이 제주도였지만 우리는 그저 제주를 스쳐 지나왔을 뿐이다. 감히 섬을 터럭만큼이라도 이해하게 되었다고는 도저히 말할 수 없을 것 같았다.

우리는 마치 벼락치기 시험공부라도 하는 심정으로 제주민속자연사박물관도 돌아보았다. 아이들을 억지로라도 데리고 갈까 생각했지만 도서

섬은 고립과 단절의 상징일 때 더욱 애절한 그리움으로 남는다. 그래서 육지와 이어진 다리를
건넌 남해도보다 배에 차를 싣고 간 제주도가 그리고 차마저 두고 맨몸으로 다녀온 마라도에
대한 그리움이 더욱 크다. 살아가는 동안 그런 그리움은 얼마나 큰 위안이 될까. 사진은 마라
도에서 게잡이를 하던 모습으로, 바다 위로 멀리 보이는 것이 제주도다.

관에서 실컷 놀게 해주겠다는 약속을 지키기로 했다. 언제가 될지는 모르지만 '다음에 다시 한 번'이라고 다짐한 숱한 숙제들을 그대로 남겨두기로 했다.

산에서 바다로 간
갈치의 추억

어린아이 정도는 단숨에 삼켜버릴 수 있을 것 같은, 길이 4.5미터의 거대한 산갈치가 박물관 로비에서 우리를 맞았다. 말 그대로 산과 같은 갈치였다. 그러나 산갈치는 새우 같은 아주 작은 생물들을 먹고 산다. 거대한 덩치에 비하면 이슬만 먹고 산다는 표현이 어울릴 것 같았다. 한 달에 보름은 산에서 살고 나머지는 물에서 살며 산과 바다를 날아다닌다거나, 하늘의 별이 물에 떨어져 물고기가 되었다는 전설까지 있는 걸 보면 얼마나 희귀한 물고기인지 짐작할 수 있다.

산갈치는 원래 깊은 바다 밑바닥에 사는데 갑작스럽게 바닷물이 솟구쳐 올라올 때 물 위로 떠밀려 올라오면서 수압 차이 때문에 내출혈을 일으킨다고 한다. 혼절한 채 반쯤 죽어서 물 위로 떠오른다고 하니, 그 최후의 모습도 의미심장하게 다가왔다. 산갈치가 사는 곳 역시 높은 산꼭대기처럼 산소가 희박한 곳이기 때문에 벌어지는 일이었다.

정말 갈치는 산에서 온 것일지도 모른다. 실제로 바다 속에는 에베레스트보다도 훨씬 높은 산들이 잠겨 있지 않은가.

제주항 근처 식당에서 갈치구이 백반을 먹으며 아이들에게 산갈치 이야기를 들려주었다. 아이들에겐 현실감 없는 이야기로 들리는 모양이다.

"진짜로?"

"응."

"진짜로 살아 있어?"

"아니, 죽은 거지."

아이들은 산(山)이 아니라 산(生)으로 들은 모양이다. 수면 위를 펄쩍 뛰어오르는 날치 정도가 아니라, 지느러미를 날개처럼 펼치고 높은 산꼭대 기로 날아오른다는 산갈치의 전설은 마치 우주를 유영하는 꿈처럼 신비롭 다. 어차피 우리의 조상은 바다에서 왔으니까 누군가 하나는 분명 바다에 서 산으로 날아오르지 않았을까. 조나단 리빙스텅 시걸의 위대한 비상처 럼, 괴상한 녀석 하나가 생태계의 역사에 길이 남을 위대한 사고를 친 게 분명하다.

만일 아이들이 박물관에서 화학약품에 몸을 담그고 있는 산갈치를 보 았다면, 그 섬뜩하면서도 초라한 모습 때문에 다시는 갈치를 안 먹겠다고 했을지도 모른다. 상상으로만 남겨두는 것도 좋을 것 같았다.

우리에게도 산갈치를 수면 위로 떠오르게 한 그런 격랑이 휘몰아치지 않으리라는 보장은 없을 것이다. 한 번도 자기가 사는 곳보다 높은 물 위 세상을 궁금해하지 않았던 평범한 산갈치에겐, 단 한 번의 격랑이 곧 내장 을 파열시키는 고통으로 이어졌고 끝내 목숨을 앗아갔다. 그렇지만 보다 높고 먼 세상에 대한 호기심으로 부단히 자기 삶의 영역을 넓혀갔던 물고 기였다면 수압이 낮은 낯선 환경에도 충분히 적응할 수 있지 않았을까.

굳이 이번 여행에서 야영을 고집한 것도 가능한 한 불편하고 힘들게 움

제주를 떠나 뭍으로 가는 배에서 마로. 바다로 떨어지는 저 태양은 내일 또다시 우리 집 지붕
위로도 떠오를 테지만 과연 그것이 똑같은 태양이라고 말할 수 있을까……. 딸들아, 고맙다.

직여야 무엇인가 해냈다는 자신감이라도 얻을 수 있을 것 같았기 때문이
다. 그러나 아이들이 만나게 될 갑작스러운 인생의 격랑에서 조금이라도
덜 흔들릴 수 있는 용기를 가르쳐주고 싶었다고 한다면 그건 과장된 표현
이다. 아이들을 가르치기 위해 떠난 여행이 아니다. 오히려 내가 배우기
위해 떠난 여행이었다.

　이제 정말 섬을 떠날 시간이다.

　섬은 고립과 단절의 상징일 때 더욱 애절한 그리움이 남는다. 다리를
통해 바다를 건너간 남해도보다는 차를 배에 싣고 건너온 제주도가, 그리
고 차마저 두고 다녀온 마라도에 대한 그리움이 더욱 깊이 남을 것이다.
우리가 가져갈 수 있는 것은 헌책방에서 산 책 몇 권과 야금야금 이 여름
의 추억을 꺼내 음미할 한라산 소주 그리고 아이들이 고른 돌하르방 액세
서리 하나씩 정도가 전부였다.

　그런데 떠나기 직전 섬사람이 다시 발목을 잡았다. 승민 씨가 제주 시
내에 볼일을 보러 나왔다면서 자신이 직접 기른 허브를, 이름과 차로 끓
여 마시는 법, 효능 등을 적은 종이와 함께 종류별로 비닐 팩에 담아온 것
을 건네주었다. 그러고는 숱한 만남과 이별의 사연들이 쌓여 있을 제주항
에서, 그리운 사람들을 뭍으로 떠나보내던 섬사람들의 방식 그대로 우리
를 배웅했다. 비록 소박한 나루터가 아니라 공항과 다름없는 최신 시설의
신항만 터미널이었지만, 우리는 예기치 못한 그의 황송한 배웅에 어쩔 줄
몰라 했다.

　남해고속 카페리호는 어김없이 6시에 닻을 올렸다. 배는 섬에서 떨어

져나와 망설임 없이 뭍을 향해 바다를 질주했다. 섬에서 멀어질수록 또다시 제주도가 결국은 한라산이라는 사실이 떠올랐다. 구름을 뚫고 비죽이 이마를 내민 한라산의 웅자가 우리에게 손을 흔들며 배웅하는 것 같았다.

우리는 바다 한가운데서, 날마다 우리 집 앞산 너머로 숨던 저녁해가 바다로 떨어지는 장엄한 일몰을 감상했다. 우리가 과연 매일매일 똑같은 태양 아래 살았던 것일까. 남편과 아이들은 어둠이 내리는 갑판에 서서 제주도가, 한라산이 보이지 않을 때까지 바닷바람을 맞으며 서 있었다. 나는 혼자 조용히 선실로 들어가 가족들에게 부칠 엽서 한 장을 썼다.

갑자기 우리가 지나온 길들이 갈치가 산에서 왔다는 이야기만큼이나 비현실적으로 느껴진다. 이제는 정말 돌아가야 한다. 떠날 때보다 더 씩씩하게 돌아가고 싶었지만, 글쎄 잘 모르겠다. 살아가는 동안 문득문득 우리가 걷던 길 위의 시간들이 그리워진다면 그것만으로도 충분하지 않을까.

- - - - - - - - - - - - - - - - - - - -

처음 여행을 시작했을 땐 무척이나 즐겁고 신이 났었다. 하지만 여행을 계속 하다 보니 짜증 나고 힘든 일들이 많았었다. 맨날 텐트에서 자고 비 오는 날에도 빗속에서 텐트를 치면서 제대로 씻는 것도 거의 못한 것 같다. '차라리 집에서 있을 걸' 이라는 생각을 한 적도 한두 번이 아니다. 하지만 여행을 하며 배운 게 많았다. 엄마와 함께 이곳저곳 다니면서 그 고장의 맛있는 음식도 먹고 유명한 관광지도 돌아다니면서 나도 모르는 사이 배운 게 많아졌다. 지금도 이 여행을 생각하면 마라도가 가장 먼저 생각난다. 하늘과 바다, 땅이 잘 어우러진 곳, 우리나라에서 가장 아름다운 곳이라고 해도 믿을 수 있을 것이다. 마라도에서 하루 동안 얼마나 재미있는 일들이 많았었는지 모른다. 특히 마라분교가 가장 인상적이었다. 보통 가정집처럼 아기자기하게 꾸며진 학교에서 공부한다면 행복할 것 같다. 운동장도 넓은 잔디밭에 작은 교실, 물론 불편한 점도 많겠지만 그전에 좋은 점이 더 많이 쌓여 있을 것 같다. 여자 셋이서 한 여행, 우리 집 앞에서 우리나라 끝까지. 정말 이번 여름방학은 나처럼 즐겁게 보낸 초등학생은 없었을 거라고 생각이 된다.

한바라 이야기

- - - - - - - - - - - - - - - - - - - -

14일 동안 짧은 시간에 참 많은 일을 겪었다. 14일이 20일 아니, 거의 한 달로 느껴졌다. 처음 여행을 떠날 때는 두렵기도 하고 신나기도 하였다. 처음에는 차멀미와 비 때문에 두렵고 돌아가고 싶은 생각이 자꾸만 들었다.

조령산휴양림에서 들었던 내가 좋아하는 유키 구라모토 음악과 함께 아늑함과 고요함, 성주봉 휴양림의 하루는 사람이 많아서 불편함, 비가 올까 두려움, 거창에서의 첫날은 서해와 집주인들이 없어서의 쓸쓸함, 둘째 날은 서해와 놀아서 신이 남, 비 때문에 번개에 맞을 것 같은 두려움, 산청에서 불편해서 짜증남, 남해에서 조개가 나올까 하는 호기심 그리고 홍수가 날 것 같은 두려움, 고흥에서 아빠를 보고 싶은 마음, 제주도는 재미있고 또 두려움, 짜증남, 신나는 감정…….

14일 동안 여러 감정과 지식과 행동을 배웠다. 나는 그 중에서도 인내심을 얻은 것 같다. 여러 불편한 점, 필요한 것, 짜증나거나 하기 싫은 것들이 있었다. 하지만 가족의 사랑과 의지, 용기 덕분에 여행을 잘 마칠 수 있었다. 그 긴 여행 덕분에 가족의 따뜻한 사랑을 느낄 수 있었다.

딸들과 함께 한 14일간의 여행. 10일은 텐트에서 야영을 했고, 초반 9일 동안은 남편 없이 여자 셋이서만 다녔다. 남들처럼 집을 팔아 세계 일주를 한 것도 아니고, 아프리카 오지나 히말라야의 험산준로를 다녀온 것도 아니다. 다만 내 안의 작은 벽을 넘어 제 발로 세상을 향해 뚜벅뚜벅 떠난 일 자체가 의미 있는 도전이었다.

그러나 이 사적인 경험이 사람들에게 무슨 위안이라도 줄 수 있을까, 막상 세상에 드러내려고 하니 여행 짐을 꾸리며 혼자 끙끙 앓던 것만큼이나 생각이 복잡해졌다.

주변에서는 소심한 내가 진짜로 떠났다는 사실을 보고 '나도 할 수 있겠구나' 하며 한껏 고무된 친구부터, "당신 같으면 아마 그렇게 못할 거야"라는 남편의 말에 자존심이 상했다는 이웃, 또 아내가 아이들과 여행을 떠날 수 있도록 돕겠다는 사람까지 그 반응이 다양했다. 직장 일에 매여 있는 비슷한 처지의 엄마들은 휴직계를 내고 또다시 직장으로 복귀할 수 있었던 여건을 부러워하기도 했다. 그러나 내가 느끼는 삶의 조건이란 결국 자기 의지대로 만드는 것이었다.

　휴직은 사직까지 각오하고 결심한 일이었다. 일이야 다시 구하면 되지만 어린 딸들과의 이 시기는 다시 돌이킬 수 없을 것이라고 생각했기 때문이다. 아이들은 머지않아 우리 품을 떠나 자신들만의 세계에 몰입하게 될 테니 말이다.

　돌이켜보면 거창에서 무섭게 냇물이 불어나고 벼락이 치는 빗속에서 혼자 텐트를 철수하던 일이나, 지리산 대포숲 야영장에서 그칠 줄 모르는 빗줄기에 뜬눈으로 밤을 지새우던 일, 아침에 텐트를 걷으면서 오늘은 또 어디에서 세 모녀가 안전하게 잘 수 있을지 고민하던 일 그리고 지친 아이들과 사사건건 부딪치며 싸우고 달래고 화해하기를 반복하던 일, 그 모든 어려움보다 힘들었던 것은 바로 떠나겠다는 결단 그 자체였다.

　《아이들은 길 위에서 자란다》라고 책 제목을 정했지만, 기실 길 위에서 훌쩍 자란 것은 나 자신이 아니었을까 싶었다. 내 안에는 세상에 대한 두려움과 몸을 웅크린 채 스스로를 보호하려는 본능이 갑각류의 껍질처럼 두껍게 굳어져 있다. 외형적으로야 산을 오르고 글을 쓰는, 진취적으로 보이는 일을 해왔지만 드러나지 않는 내면은 우유부단하고 겁이 많다. 아직 어린 두 딸이 훌륭한 동행이 되어 주지 않았다면 엄두를 내지 못했을지도 모른다.

　아이들은 언제, 어디, 어떤 환경에서도 자란다. 오히려 일찌감치 성장판이 굳어버린 엄마가, 일상을 떠난 길 위에서 씩씩하게 자라는 걸 지켜보며 딸들이 즐거워하지 않았을까.

　제주항을 떠나 뭍으로 돌아오는 배에서 "다시는 여행 안 갈래!", "야영은 죽어도 안 할 거야!" 하고 선언하던 아이들은 지난 크리스마스이브에 영하 20도를 기록하던 강원도 평창의 눈밭에서도 야영을 했고, 다시 여름방학을 기다리면서는 자기네 저금통을 털어서라도 배를 타고 중국에 가자고 조르고 있다. 길 위를 떠돌던 여행을 마치고 오히려 차분하게 일상의 문제를 돌아보게 된 나에 비해 아이들은 시간이 지날수록 새로운 것을 꿈꾸며 들뜨고 있다. 나는 길 위에서 아이들 가슴에 그런 불씨가 댕겨진 것만으로도 고맙다.

2006년 여름 일상의 길 위에서

김선미

여행의 발이 되어줄 자동차를 위해 출발 일주일 전 종합검진에 들어갔다. 낡은 타이어와 타이밍벨트 그리고 엔진오일까지 교환했다. 나머지는 자동차 보험회사가 알아서 할 일이라 믿기로 했다. 단, LPG 차량이어서 시골로 갈수록 충전소가 많지 않다는 것이 문제였다. 이참에 부탄가스통을 연결해 사용하는 비상용 가스 충전기를 살까 망설였지만 이 역시 보험회사 긴급출동서비스에 맡기기로 했다.

자동차 계기판의 연료경고등은 보통 전체 연료통의 10퍼센트 정도 연료가 남았을 때 경고등이 켜진다. 차종과 운전자의 운전습관에 따라 달라지겠지만 대략 경고등이 켜지고 나서 40~60킬로미터 이상은 주행이 가능하다고 한다. 그렇지만 만에 하나 연료가 뚝 떨어져서 차가 멈추게 된다면? 휘발유 차량의 경우 비상급유서비스를 이용할 수 있는 것처럼 LPG 차량은 가까운 충전소까지 견인해주는 서비스가 있기 때문에 겁먹지 않기로 했다. 이럴 때 쓰려고 비싼 보험료를 내는 것 아닌가.

차에도 배낭을 꾸릴 때처럼 선택과 집중이 필요하다. 여행을 위해 차량용 모기장을 새로 샀다. 에어컨 바람을 싫어하는 우리는 매연이 많은 도심 한복판이 아니면 대부분 창문을 열고 달린다. 또 한여름 뙤약볕 아래 차를 세워둘 때도 내부 열기를 식히기 위해 차 문을 열어두어야 하는데 곤충들의 습격 때문에 고생한 적이 있었다. 특히 비상시에는 차에서 잠을 잘 수도 있다고 각오했기 때문에 차량용 모기장은 꼭 필요했다. 모기장은 보자기처럼 접고 펼칠 수 있는 방충망 가장자리에 자석을 달아 차체에 고정시킬 수 있도록 되어 있는데, 뜨거운 한낮의 도로를 달리는 동안 그늘막으로도 유용하게 사용했다.

휴대전화와 카메라, 노트북 같은 전자제품의 배터리 충전이 문제가 되는 야영의 특성상 자동차 시거잭에 연결해 사용하는 차량용 충전기도 필수. 충전은 차량 운행 중에 가능하다.

우리와 같이 여름철 장기간 오토캠핑만으로 여행을 계획한다면 차량용 냉장고가 유용할 것이다. 실제로 여행 기간 매일 저녁 아이스박스에 보충할 얼음을 구하는 것이 힘들었다. 야영장에 매점이 있는 경우는 밤사이 아이스팩을 다시 얼릴 수 있도록 주인집 냉장고 신세를 지기도 했다. 하지만 '이가 없으면 잇몸으로라도!' 냉장고 없이 사는 것이 그렇게 어려운 일도 아니다. 그날 먹을 싱싱한 식재료만 준비하고, 남은 음식 없이 깨끗이 처리하면 된다. 또 계곡물이 있는 야영지라면 망사주머니 안에 음료나 과일 등을 넣어 물속에 담가두면 얼마든지 시원하게 이용할 수 있다.

요즘은 휴대용 변기와 샤워장치 같은 편리한 야외용품들이 많이 나와 있다. 아예 집에서 즐기는 것처럼 침대에 텔레비전, 냉장고까지 갖춘 캠핑카도 있으니 취향에 따라 선택하기 나름. 그러나 나는 불편하면 불편한 대로 적응하는 것이  낫다고 생각한다. 집에서 하던 대로 모든 편의시설을 누린다면 그것은 여행이 아니지 않은가. 더구나 캠핑장에서 아파트와 다를 바 없는 콘도와 같은 편리함을 원한다면, 맙소사!

집은 삶을 반영하는 거울이다. 텐트는 대자연에 짓는 집이다. 차이가 있다면 텐트는 원하는 대로 움직일 수 있고 어디든 들고 다닐 수 있다는 것. 어떤 집이 좋은 집이라고 단정 지어 말하기 어려운 것은 각자의 삶이 추구하는 가치가 다르기 때문일 것이다. 텐트 선택에도 정답은 없다고 생각한다. 그래서 각자의 취향과 능력에 맞게 가장 편안한 것을 택하라는 애매한 답을 할 수밖에.

그래도 초보자를 위한 교과서적인 상식을 전달하자면, 크게 돔형과 캐빈형(cabin, 이름 그대로 오두막 형태)으로 형태를 구분해 설명할 수 있다. 여름 한철 오토캠핑이 주목적이라면 캐빈형, 비바람과 눈보라에도 아랑곳없이 사계절 꿋꿋하게 텐트를 치고 싶다면 돔형의 전문가용 텐트가 낫다.

천장이 높은 캐빈형은 활동 공간이 넓어 아이들과 함께 하는 가족캠핑용으로 편리하다. 대신 무게가 많이 나가고 텐트의 구조 자체가 복잡해지는 것은 당연한 일. 대개의 캐빈형 텐트는 여름 성수기를 겨냥한 제품이지만 봄, 가을까지도 사용할 수 있다.

이글루 모양의 돔형 텐트는 폴 두 개를 X자형으로 휘어서 연결하거나 폴 세 개로 둥근 형태의 지붕을 만든다. 캐빈형에 비해 가볍고 설치가 간편하고 강한 바람에도 견딜 수 있는, 보다 전문적인 장비라고 할 수 있다. 천장이 낮아 텐트 안에서의 활동은 불편하지만 안정적인 잠자리를 만드는 기능에 보다 충실한 텐트라고 생각하면 된다.

최근에는 이 두 가지 형태의 장단점을 고르게 보완한 제품들도 많이 나와 있다.

특히 오토캠핑 인구가 늘어나면서 거주 공간으로의 편의성을 살린 '리빙쉘'이라는 고가의 대형 텐트가 인기를 끌고 있다. 리빙쉘은 침실과 주방, 거실 기능을 겸할 수 있는 규모의 텐트다. 때문에 자연히 그 규모에 걸맞게 살림살이들도 늘어나게 된다. 야외용 주방 역할을 하는 키친 테이블에서 식탁과 의자, 야전침대 등등…… 집이 커지니 살림도 늘어나고 짐이 많으니 자동차도 큰 차가 아니면 감당하기 힘들어진다.

리빙쉘은 바닥 없이 지붕과 벽체로만 이루어져 있기 때문에 따로 잠자리용 텐트를 연결해 이너텐트(inner tent)로 사용한다. 고가의 리빙쉘 대신 텐트와 타프라는 그늘막을 연결해 거주 공간을 확보하면 보다 저렴하게 집을 꾸밀 수도 있다. 리빙쉘은 일본과 미국의 캠핑 전문 브랜드 제품들이 하나 둘 소개되기 시작하면서 눈길을 끌더니 현재는 국내 제조사의 자체 생산 제품도 늘었다. 또 워낙 비싼 장비이다 보니 온라인 캠핑동호회 등을 통해 저렴하게 공동구매를 하는 이들이 늘었다.

딸들과 여행을 떠나던 2005년 당시만 해도 이런 텐트는 야영장에서 찾아보기 힘들었다. 그런데 요즘은 캠핑장마다 덩치 큰 호화주택이 즐비하게 들어선 기분이다. 기존 우리나라 야영장에 설치된 캠프사이트에 비해 텐트 하나가 차지하는 규모도 상당히 커졌다. 개인적으로 리빙쉘을 이용한 캠핑은 서양식 입식 생활이라고 생각한다. 덩치가 커진 만큼 물론 편리함도 커졌고 대신 짐을 옮기고 설치하는 데 걸리는 시간과 수고도 늘어날 수밖에.

가끔 '사람이 아니라 장비가 캠핑을 다니는 것' 같은 착각이 들 정도로 짐에 치이는 듯한 캠퍼들을 보면 씁쓸한 기분도 든다. 처음부터 캠핑은 불편을 감수하는 여행이다. 자칫 편리함만을 좇다 장비의 노예가 될 수도 있다. 소박함 속에서 불편한 대로 자유와 여유를 누릴 것인가, 선택은 집 주인의 결정이리라.

텐트 설치 자체를 부담스러워하는 사람들을 위해 우산처럼 접고 펴는 방식이나 던지기만 하면 펼쳐지는 간편한 제품들도 시중에 나와 있다. 그러나 자동 제품은 아무래도 고장의 위험이 높지 않을까. 또 텐트를 설치하며 자기 손으로 집을 짓는 원초적인 즐거움을 되찾는 것 또한 캠핑의 맛인데, 이런 즐거움이 줄어드는 것은 아쉽다.

텐트의 무게는 당연히 원단과 폴이 결정한다. 폴은 두랄루민 소재가 가볍고 강하다. 천은 기능성이 추가될수록 무게도 증가한다. 기능만 따지자면 비처럼 수분이 내부로 침투하는 것은 막아주고 땀 같은 수증기는 밖으로 배출하는 방수투습원단(가장 유명한 브랜드가 미국 고어사가 개발한 '고어텍스' 다. 시장에서 고어텍스가 일반명사처럼 되어버렸지만 사실은 방수투습기능을 가진 원단 브랜드의 하나일 뿐이다) 이 최고다. 하지만 해수욕장에서 야영할 때 이런 고가품은 '개 발에 편자' 일 뿐. 일반적인 텐트 원단은 기본적으로 플라이와 텐트 바닥의 방수기능이 생명이고, 몸체는 통풍을 고려해야 하기 때문에 물방울이 또르르 굴러 떨어지게 하는 정도의 발수가공만 한다.

유명 등산장비사의 홈페이지에는 제품 소개뿐 아니라 기본적인 장비 구입 요령과 사용법을 소개하고 있고, 고객을 위한 다양한 캠핑 체험 행사 등도 열고 있다. 인터넷 동호회 캠퍼들의 생생한 체험기나 사용 후기 등도 많은 도움이 될 것이다.

그리고 텐트는 국산 텐트가 품질이 좋다. 외국 유명 브랜드 제품도 국산 텐트 회사가 OEM 방식으로 생산하는 것이 많다. 무엇보다 가까이 있으니 빠르고 편한 AS가 강점 아니겠나.

　캠핑에서 편안한 잠자리를 만드는 것은 매트리스와 침낭이다. 이 중에서도 기본은 매트리스! 침낭이야 여름에는 집에서 쓰는 가벼운 오리털 이불이나 담요 같은 것으로 대신할 수 있다. 그러나 땅바닥에서 올라오는 한기를 차단하고 등을 편안하게 해주려면 엠보싱 형태의 발포 스펀지로 만든 매트리스가 필수다(리빙쉘에서는 야전 침대 위에 잠자리를 마련한다면 바닥의 습기와 냉기를 피할 수 있기 때문에 매트리스를 생략할 수 있다).

　사실 산악인들은 비박이라고 해서 텐트 없이 매트리스와 침낭만으로 야외에서 자는 것을 좋아한다. 말 그대로 풀밭으로 요를 깔고 하늘을 이불 삼아 덮고 자는 풍류를 즐기는 데는 이만한 것이 없다.

　매트리스는 여름용은 두께가 얇고 겨울용은 두꺼운데, 기왕이면 2센티미터 정도로 두꺼운 게 낫다. 보통 등산용은 1인용으로 둘둘 말아 배낭에 가시고 다니게 되어 있는데, 캠핑용으로는 병풍처럼 접는 넓은 제품이 있다. 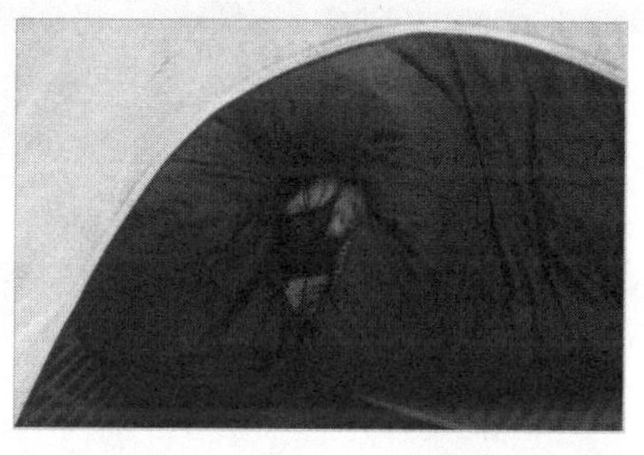 흔히 집집마다 야외용 돗자리로 사용하는 은박 매트리스만으로는 절대 편안한 잠을 기대할 수 없다. 공기를 주입하는 형태의 에어 매트리스도 있는데, 단열효과가 높지만 비싸고 무겁고 아무래도 번거롭다.

　텐트 바닥은 방수 처리가 되어 있지만 그래도 오래 사용하려면 텐트 천을 보호하기 위해 땅바닥에 비닐이나 은박 매트리스 등을 깔아주는 것이 좋다(기왕이면 천막 용품 파는 곳에서 두툼하고 질긴 천막용 비닐로 텐트 사이즈에 맞게 깔개를 만들어 사용하면 좋다). 모든 원단은 특정 기능을 강화하기 위해 코팅 처리를 한 것이기 때 문에 표면이 마찰로 인해 닳으면 그만큼 기능이 떨어지게 마련이다. 깔개 위에 텐트 를 치고 텐트 안에는 발포 매트리스를 깔고 그다음은 능력에 맞게 최고급 거위털 침 낭을 선택하든 집에서 쓰던 담요를 선택하든 자유.

다만 전문 다운(down) 제품 침낭의 좋은 점은 보온성과 함께 이동할 때 부피를 줄일 수 있다는 것. 이때 제품의 질을 결정하는 것은 다운이 수축했다가 다시 팽창 하는 복원력(fill power, 전문 제품에는 복원력이 수치로 표시되어 있음)이다. 침낭 이 많이 부풀어 올라 깃털 사이 공기층을 늘리면 그만큼 따뜻해지기 때문이다. 여름

용으로는 저렴하게 화학솜을 사 용한 침낭만으로도 충분하다.

고가의 침낭은 세심한 관리 도 중요하다. 아침에 잠자리에 서 일어나면 밤사이 몸에서 배 출한 땀과 습기로 눅눅해진 침 낭을 텐트에서 꺼내 햇볕에 말

린 다음 침낭주머니에 넣도록 한다. 이불을 거풍시킨다고 생각하면 된다. 집에서 장 기간 보관할 때도 주머니에 넣은 채 부피를 줄여 오래 놓아두기보다는 침낭을 펼쳐 부풀어 오른 상태로 보관하는 것이 좋다.

추울 때는 찜질용 물주머니인 핫팩(hot pack) 같은 것이 쓸모 있다. 등산용 플라 스틱 물통에 뜨거운 물을 담아 수건에 싸서 침낭 속에 넣어 사용하기도 한다. 그러 나 개인적으로 가장 좋은 난로는 역시 아이들의 체온이다(요사이 커플 침낭이라고

해서 2인용 침낭도 판매하고 있지만, 글쎄 좁은 텐트에서 밤새 끌어안고 자기는 힘겹지 않을까). 개인적으로 수은주가 영하 20도를 가리킨 강원도 봉평의 눈밭에서 부부가 아이들을 하나씩 끌어안고 자면서 추운 줄을 몰랐다. 물론 텐트가 극지와 악천후에서 견딜 수 있도록 만들어진 제품이기에 가능한 일이었겠지만.

아이들은 여행 기간 중 촛불을 밝히고 일기 쓰는 시간을 아주 좋아했다. 평소엔 집 안에서도 밤이면 화장실 가는 것을 무서워할 정도였는데, 역시 분위기가 뭔지는 아는 모양이다.

우리가 야영을 하는 이유는 집과는 다른 특별함을 즐기기 위해서다. 야영과 일반 여행지 휴양시설의 가장 큰 차이는 바로 전기를 마음대로 쓸 수 없다는 점. 그래서 밤이 밤답게 어둡다는 것이다.

물론 요즘은 배터리를 사용한 야외용 조명기구들도 굉장히 밝은 제품들이 많아졌다. 또 오토캠핑 인구가 늘면서 전기선을 끌어다 쓸 수 있는 야영장들도 늘고 있다. 그렇지만 밤을 대낮처럼 밝히는 불빛은 원칙적으로 캠핑에서 필요하지 않다고 본다. 지나치게 환한 인공 불빛은 대자연에서 만나야 할 반딧불이와 별빛마저 삼켜

버리기 때문이다. 이미 국립공원이나 휴양림의 야영장에 있는 가로등만으로도 충분하다고 본다. 더구나 환경을 생각한다면 전기 사용은 줄이는 것이 미덕!

야영은 어둠에 익숙해지는 훈련이기도 하다. 야영에는 우리 유전자 안에 숨어 있던 야성을 끌어내는 기쁨이 있다. 그래서 등을 켤 때도 초저녁부터 환하게 밝힐 것이 아니라 이내가 깔리고도 한참 뒤에, 가능한 한 두 눈이 어둠에 익숙해질 때까지 기다렸다가 켜는 것이 좋겠다. 인공 불빛이 사라진 어둠 속으로 들어가 대자연의 품 안에서 잠들 수 있는 것이 진정한 캠핑의 축복이다.

그러므로 배터리를 사용하는 편리한 제품들은 휴대용 손전등 정도로 준비하고 (건전지 대신 충전해서 쓰는 제품들도 있다), 대신 가스등이나 휘발유 랜턴, 이도 저도 없으면 촛불이라도 준비하자. 자신을 태워 빛을 만드는 불꽃은 전깃불 아래서는 누릴 수 없는 고요와 명상을 선물로 준다. 건전지 없이 자전거 페달을 돌리듯 전기를 얻는 환경친화적인 자가발전용 손전등 제품들도 있다.

짐을 줄이면 자유가 커진다

흔히 등산은 무게와의 싸움이라는 말을 많이 한다. 의식주를 야외로 옮기는 캠핑 역시 마찬가지다. 텐트 안에서 잠옷까지 갈아입을 생각을 하면서 짐을 꾸려선 안 된다. 이것이 꼭 필요할까 스스로 물어보고, 과연 다른 것으로 대신할 것은 없을까 또 물어보고 그렇게 해서 계속 짐을 줄여야 한다. 단, 여름이라도 긴소매 옷과 긴 바지

등의 보온의류는 반드시 필요하다.

　짐을 꾸릴 때는 종류별로 모아서 각각의 주머니(등산용품점에서 물건을 사면 끈
을 잡아당겨 입구를 묶을 수 있는 주머니를 무료로 준다. 특히 한쪽 면이 망사로 된
주머니가 내용물이 훤히 보여서 편리하다)에 나누어 담고, 차에서 내려 짐을 옮길
때는 커다란 카고백에 한데 담아 이동하면 편리하다. 취사도구 역시 뚜껑과 손잡이
가 있는 플라스틱 박스나 바구니 하나에 정리하면 유용하게 쓸 수 있다.

　줄이고 줄여도 최소한 필요한 짐이 남는다. 이것을 차에 차곡차곡 싣고, 야영장
에서 풀고 조립하고 세우고 다시 정리해 돌아와 집에서 끌어내려 제자리에 정돈하
기까지, 그 수고로움은 솔직히 만만치 않은 노동이다. 가히 즐기지 않고서는 할 수
없는 노릇이다. 마음 같아서는 캠핑트레일러가
따로 있으면 좋겠지만, 꿩 대신 닭이라고 자동
차 지붕 위에 캠핑용품을 한데 정리할 수 있는
루프백이라도 있으면 한결 수월하다.

　그러나 역시 기본은 장비의 노예가 될 것인
가, 캠핑의 주인이 될 것인가 선택의 문제다. 나
역시 새 물건, 새 장비 사고 싶을 때마다 이를
되새긴다. 이미 오랜 세월 집의 노예로 충분히
비겁하게 살아왔다. 집 한 칸 마련하기 위해 우리가 흘린 땀방울과 시간을 생각해보
라. 캠핑은 그런 집을 잠시나마 떠나는 것이다. 그래야 남다른 자유가 우리를 기다
리고 있다. 많이 비우고 떠나야 자연에서 충만하게 채우고 돌아올 수 있다는 진리는
캠핑에서도 정답!

야영장에서의 음식은 물만 부어 바로 조리할 수 있는 수준이 좋다. 취사장이 따로 갖추어진 야영장도 있지만 그렇지 못한 곳에서는 직접 물을 길어다 써야 하는 경우가 대부분이다. 그러다 보니 결국 짐이 늘어난다. 야외용 물통에 설거지통까지 끝이 없어진다.

또 여름 성수기에는 야영장마다 물 부족으로 고생을 한다. 그래서 가능한 한 음식 재료들을 집에서 미리 손질하여 가져가는 것이 좋다. 쌀도 마찬가지. 떠나기 하루 전날 미리 씻어서 채반에 물기를 빼고 말려서 끼니별로 포장해 가면 물만 부어 바로 밥을 지을 수 있다. 이때 쌀에 약간의 수분이 남아 있어, 따로 불리지 않아도 된

다. 단, 씻은 쌀은 충분히 건조시키지 않으면 상하기 쉽기 때문에 아이스박스에 보관하는 것이 좋다. 값이 비싸지만 시중에 파는 씻어 나온 쌀을 준비하는 것도 한 가지 요령.

그런 의미에서 캠프 요리 메뉴에서 추천하고 싶지 않은 것이 카레라이스다. 감자 깎고, 양파 껍질 벗기고, 당근 씻고 또 칼질은 얼마나 많이 해야 하나. 물도 많이 쓰고 쓰레기도 많이 나오는데다 십중팔구 양이 많아서 버리기 십상이다. 그래도 정 먹고 싶다면 야채를 다듬고 썰어서 진공 팩에 담아 가든가 깍둑썰기로 손질해서 파는 제품을 사는 편이 낫다.

나는 된장찌개도 두부와 파까지 미리 썰어서 밀폐용기 하나에 담아간다. 현장에서는 멸치와 다시마로 국물만 내고 된장을 푼 다음 통째로 넣어서 끓이기만 한다. 캠핑 요리의 달인들 중에는 김치찌개나 육개장 같은 음식을 집에서 만들어 국물이

잦아들도록 졸인 다음 냉동실에 얼려두었다가 가지고 가서 물만 부어 간을 맞추는
사람들도 있다.

하지만 이런 참견은 어디까지나 잔소리. 요즘은 오히려 '잘 먹기 위해' 캠핑을 떠나는 사람들이 많다. 캠핑장에서도 고급 레스토랑에서나 맛볼 법한 요리 솜씨를 뽐내는 사람들이 늘었다. 장비가 고급화되면서 더치 오븐에 야외용 화덕까지 갖춘 부엌이 등장하며 가능해진 풍경이다. 반드시 사진을 찍어 블로그에 올려 자랑까지 해야 캠핑이 마무리되는 매우 부지런한 캠퍼들도 많다. 평소에는 부엌 근처에 얼씬도 안 하면서 사람들이 많이 모이는 곳에서 접대용 야외요리에 취미를 붙인 남자들의 경우라면 몰라도, 나는 집보다 간소하게 먹고 대신 자연의 정취에 흠씬 배를 불리고 싶다.

1박 2일을 계획한 캠핑이라면 야영하는 저녁과 다음날 아침 정도만 캠핑장에서 요리하고 나머지는 그 지역의 맛집을 찾아가보는 것을 권한다. 집에서 준비하는 식재료도 최소한으로 하고, 일찌감치 캠프사이트가 있는 곳에 도착해 그 지역 특산물로 장을 본 다음 요리하는 것이 지역경제를 위해서도 좋은 일이다. 그런 의미에서 해당 지역의 전통 장날에 맞추어 여행을 계획하면 색다른 맛과 즐거움을 기대할 수 있다.

야영지의 식사는 사찰의 발우공양처럼 하는 것이 좋다. 김치 한 조각을 남겨서 물을 부어 그것으로 그릇을 씻어 헹구어 마시는 스님들처럼 말이다. 그러면 설거지 할 필요 없이 마른 행주로 물기만 닦아내면 된다. 그런 의미에서 수세미와 주방용 물비누는 아예 가져가지 말아야 할 것 중 하나다. 개인적으로 야영장에서 고무장갑

까지 끼고 설거지통 하나 가득 그릇을 담아 가지고는 계면활성제 가득 든 세제로 마구 거품을 뿜어내는 남자들(우리 야영장에서 으레 설거지는 남자들 몫이다)을 보면 화가 난다. 하루빨리 그런 모습이 꼴불견으로 여겨졌으면 하는 바람이다.

대부분의 야영지 취사장은 도시의 하수도처럼 오수처리시설이 제대로 되어 있지 않다. 결국 우리를 먹이고 재워준 자연을 오염시키게 된다. 따라서 일단 음식이 남지 않도록 적당히 조리하고, 밥알 하나 남김없이 다 먹은 다음, 누룽지가 생기면 숭늉을 끓여 먹고, 그것으로 자기 밥그릇을 깨끗이 씻어내는 것으로 마무리한다.

이때 종이 행주가 있으면 유용한데 일단 종이 행주로 그릇을 닦아내면, 세제나 수세미 없이 물로 헹구기만 하면 된다. 야영지에서는 대충 닦고, 집에 돌아와 깨끗이 마무리하는 것이 진짜 센스!

식기도 보통 코펠에 딸려 있는 플라스틱 그릇보다는 손잡이를 접을 수 있게 되어

있는 일명 '시에라 컵'을 개인 식기로 사용하면, 그릇 하나로 공기, 대접, 컵으로까지 쓸 수 있다. 보통 등산용 코펠은 무게를 줄이기 위해 알루미늄이나 두랄루민 제품을 많이 쓴다. 하지만 건강을 생각한다면 무겁더라도 식기만큼은 오토캠핑 전용 스테인리스 제품이 좋다. 나는 유별나지만 집에서 쓰는 가마솥을 챙겨가지고 다닌다. 달구어진 가마솥의 복사열 때문에 연료 소모도 적고, 압력솥이 없어도 밥맛이 좋아 우리집 야외요리의 일등공신이다.

내비게이션 대신 지도의 주인이 되라

내비게이션은 목적지가 분명한 복잡한 도심에서는 유용할지 몰라도 여행을 떠난 길 위에서는 여행자를 자칫 바보로 만들 수도 있다. 짧은 거리의 빠른 길만 가르쳐 주는 데서 무슨 풍경의 발견이 있겠는가. 특히 내비게이션만 가지고 운전하는 경우 기계에만 의존하다 보니 영영 '길치'에서 벗어나지 못하는 사람도 많다. 나는 휴대전화 때문에 전화번호를 기억하지 못하게 된 것처럼, 자동항법장치가 없으면 앞으로는 집으로 가는 길도 찾지 못하게 될까 두렵다. 더구나 오지에 있는 야영장의 경우 내비게이션에 등록되지 않은 곳도 많다. 따라서 내비게이션은 목적지 주변의 맛집이나 주유소, 충천소 등의 꼭 필요한 정보를 위해 보조적으로 사용하고 똑똑한 지도책 하나 장만하기를 강권한다.

우리는 여행 당시 새로 산 75,000분의 1 전국지도를 유용하게 쓰고 있다. 50,000분의 1 지도책은 웬만한 산은 등산지도가 따로 필요 없을 정도로 세밀한데, 자동차 여행의 경우에는 한 지역을 찾기 위해 너무 많이 뒤적여야 하는 불편함이 있다(그리고 너무 두껍고 비싸다). 대신 75,000분의 1 전국지도에는 어지간한 유적지나 관광명소들은 다 표시되어 있다. 떠나기 전 목적지가 있는 페이지마다 찾기 쉽게 띠지를 붙여놓으면 편리하다.

가끔은 어설프게 길을 가르쳐주는 사람들의 도움을 받는 것보다 지도를 똑바로 읽는 것이 한결 나을 때가 있다. 왜냐하면 사람들(특히 시골로 갈수록)은 운전자의 입장보다는 평소 자신의 생활 동선을 중심으로 길을 설명하는 경우가 많기 때문이다.

무엇보다 여행지를 지도에서 찾아보게 하는 것은 아이들에게 좋은 체험이다. 집으로 돌아와 캠프장까지의 코스를 형광펜으로 따라 그려보게 하는 것이 웬만한 지리공부보다 낫다. 두고두고 지도책을 펼쳐 보면서 구석구석 지난 여행의 흔적이 남아 있는 것을 찾아보는 일도 오래도록 남는 즐거움이다.

지역의 파출소, 우체국, 주민센터와 친해져라

낯선 곳에서 길을 물어보려면 택시 운전사가 낫다? 그러나 요즘은 택시 운전사들의 이직률도 높고 내비게이션에 의존해서 다니기 때문에 꼭 그렇지만은 않다. 특히 한적한 시골길에서 택시 만나기는 하늘의 별 따기. 이럴 때는 파출소가 최고다. 친절한 길 안내에 화장실도 이용하고 그 지역의 맛있는 음식점도 물어볼 수 있다.

여행 당시 고흥에서 아예 순찰차로 길 안내를 자청한 친절한 경찰도 만났다. 때로는 파출소의 숙직실이 다급한 여행자에게 숙소로 제공되기도 한다. 만일 밤늦도록 숙소를 못 찾고, 악천후 때문에 텐트도 칠 수 없는 상황이라면 가까운 파출소를 찾아가 도움을 청하자.

인터넷 정보 검색이 필요할 때 고속도로에서는 휴게소마다 있는 안내소를 이용하면 되지만 일반 국도 여행에서는 시골로 갈수록 PC방 찾기도 쉽지 않다. 이때는 우체국을 이용한다. 우체국은 정보통신부라는 이름에 걸맞게 무료로 인터넷을 이용할 수 있도록 컴퓨터를 비치해놓았다. 면사무소도 '주민정보화자료실' 같은 이름으로 컴퓨터실을 만들어놓은 곳이 있다. 낯선 우체국에서 그리운 사람들에게 짧은 안부 인사라도 적어서 엽서를 부치는 여유도 가져보고, 통신 판매하는 그 지역 특산물도

살 수 있다. 우리는 고흥 읍내에서 녹동항 가는 길에 우체국에 들러 엽서도 사고, 여행 중 컴퓨터에 굶주린 아이들의 허기도 달래주었다. 물론 PC방처럼 장시간 사용은 예의상 금물.

아는 만큼 보인다는 여행자의 명언에 따르려면, 떠나기 전 여행 지역에 대한 예습은 필수. 우선 시·군청 홈페이지에 들어가 그 지역의 역사와 문화에 대한 홍보자료를 살펴보고 관광 안내지도를 보내달라고 한다. 대부분 시·군청 홈페이지마다

인터넷으로 관광자료를 신청할 수 있는 코너가 있다. 신청자들에게 모두 무료로 우편 발송을 해주고 있다. 직접 문화관광과로 전화해도 된다. 우리나라는 서울을 제외한 모든 지방이 관광객 유치가 아니면 지역 경제가 살아남을 길이 없는 것처럼 자기 고장 알리기에 사활을 걸고 있다.

또한 문화유산해설사나 관광안내 자원봉사 제도를 운영하는지도 물어보고, 있다면 적극 활용하라. 유명 문화재의 경우 관광안내소에 문화유산해설사들이 상주하면서 무료 해설을 하고 있다. 아이들을 동반한 여행에서는 분명 좋은 체험학습이 된다. 자원봉사자의 경우 지역마다 수준 차이가 많이 나는 편이지만 그래도 애정과 자부심을 가지고 일하는 분들이어서 책에서 얻는 것과는 또 다른 생생한 이야기들을 들을 수 있다. 물론 시시콜콜한 것까지 질문을 많이 해야 얻는 것도 많아진다.

초보자는 휴양림이나 국립공원 야영장부터 시작하라

초보자들에게 가장 좋은 야영장을 꼽으라면 국립자연휴양림 야영시설이 우선이다. 대부분 울창한 숲 속에 나무 평상을 놓은 야영 데크를 개방하고 있으며, 취사장과 화장실, 야외샤워장 같은 편의시설이 잘 갖추어진 편이다. 물론 야영을 하면서 더운물 펑펑 쓰며 샤워할 수는 없다. 여름에 더운물이 나오는 옥외 샤워장은 거의 없을 뿐더러 대부분 급수시설이 좋지 않기 때문에 물을 아껴 써야 한다. 겨울철의 경우는 수도 동파문제로 야영장을 폐쇄하는 곳이 있으므로 사전에 전화로 확인해야 한다.

휴가철 휴양림의 숙소 예약은 하늘의 별 따기지만 야영장은 예약이 안 되기 때문에 부지런하기만 하면 된다. 보통 1일 기준 소형 텐트가 5천 원~1만 원 선이고 이 밖에 주차요금과 사람 수대로 휴양림 입장료 등을 받는다. 대부분의 휴양림에는 1~3시간 이내의 가벼운 산책 코스가 있다. 요즘은 지방자치단체에서도 자체적으로 휴양림 개발에 앞장서고 있지만 야영시설에 대한 투자는 아직 부족한 편이다.

대부분의 오토캠핑장은 차를 세울 넓은 공간을 확보하려다 보니 그늘이 없는 곳이 많은데, 이런 경우 여름 한 낮에는 곤혹스럽다. 이때 타프라는 그 늘막이 유용하다. 개인적으로 바닷가 야영장보다는 숲 속 야영장이 고요하 게 자연과 만나기에 좋은 곳이라 생각  한다. 또 숲이라고 해도 물가에서 멀어질수록 야영장 풍경도 차분해진다. 진짜 캠핑 을 즐기는 사람들은 가급적 여름 성수기는 피한다는 사실도 참고하시길.

여름 야영에서 모기와의 싸움은 고통스럽다. 우리는 차량용 모기장 외에도 방 안 에서 사용하는 대형 모기장과 모기향 그리고 손목에 거는 모기 퇴치용 팔찌(이건 효 능을 잘 모르겠다) 등을 준비했다. 대형 모기장 속에 텐트를 쳐도 좋고, 공간이 넓다 면 텐트와 별도로 모기장을 친 곳을 야외 활동 공간으로 활용하면 좋다. 그러나 야외 생활의 기본은 해지기 전에 긴소매와 긴 바지, 양말까지 챙겨 피부 노출을 줄이는 것이다.

일단 텐트 주변에 수풀이 우거져 있으면 해지기 전부터 모기약을 뿌리거나 텐트 주변에 모기향을 여러 개 피워놓는 것이 좋다. 텐트 가까이 모기향을 피울 때는 쇠로 된 접시 위에 그물망 뚜껑이 있는 것을 사용해야 화재 위험이 없다. 텐트 안에서는 모기향을 피워놓는 것보다는 그냥 잡는 것이 낫다. 대신 잠을 잘 때 모기장에 맨살이 닿지 않도록 한다. 모기장 틈을 이용해서도 바깥에 있는 모기가 그악스럽게 문다.

야영 하면 뱀을 먼저 떠올리는 사람들이 많은데, 오히려 뱀은 사람이 무서워 시끄러운 야영장 주변에는 얼씬거리지 않는다. 그래도 외진 수풀 속에 텐트를 쳐야 한다면 담배꽁초나 백반 가루를 텐트 주변에 뿌리라는 고전적인 예방책이 있지만, 그건 심리적인 안정 이상의 효과는 없는 것 같다. 중요한 것은 모기야 피를 빨아먹고 사니까 필사적으로 달려들지만 뱀은 자기가 생명의 위협을 느끼지 않는 이상 사람 가까이에 올 이유가 없다는 것이다. 뱀에 대한 공연한 불안감을 갖는 것보다는 오히려 잠자기 전 텐트 주변의 음식물 쓰레기들을 깨끗이 치워 고양이 같은 짐승들이 뒤적이지 않도록 하는 데 신경을 쓰는 편이 낫다.

캠핑은 아이들이 어릴수록 좋아요

돈 내고 가는 체험학습 캠프보다 엄마 아빠와 함께 하는 가족 캠핑에서 더 많은 것을 배운다. 우리 가족이 캠핑장에서 즐기는 것은 '아무것도 하지 않기 놀이' 다. 장남감과 게임기는 당연히 집에 두고 가야 한다. 아이들은 자연 속에 그냥 내버려두면 알아서 잘 논다. 대신 자연과 깊은 친구가 되려면 찾기 쉬운 식물도감 하나쯤 준비하자.

아이들에게 부엌을 내주세요

캠핑장에서 한 끼 정도는 아이들 스스로 메뉴도 정하고 요리를 하게 한다. 불을 다루는 일만 신경 써주면 자연 속에서 요리하는 일이야말로 최고의 놀이다. 요리뿐 아니라 짐 꾸리기, 옮기기, 텐트 치는 일 등 캠핑을 하며 아이들 스스로 할 수 있는 일은 많다. 일이 놀이가 되는 것이 바로 캠핑의 즐거움이다.

캠핑장에서 느끼는 기온은 집과 달라요

캠핑장은 겨울은 한두 달 앞서고 여름은 반대로 더디게 온다고 생각하고 밤과 낮의 기온 차이에 대비한 준비를 철저히 한다. 언제든 악천후가 닥쳐올 것에 대비한 준비는 필수. 하지만 너무 겁먹을 필요는 없다. 산행 중 저체온증에 대한 위험은 있어도 국내 캠핑장에서 자다가 얼어 죽었다는 사람은 아직 보지 못했다.

단번에 장비를 모두 갖추려면 적잖은 돈이 들어간다. 초보자는 매트리스와 텐트만 있으면 나머지는 집에서 쓰는 도구들을 가지고 일단 여름 캠핑부터 출발한다. 차츰 경험을 쌓으면서 살림을 늘려라. 단, 등산용 물병은 식구 수대로 하나씩 준비하길 권한다. 평소에도 일회용품 물병의 사용을 줄이고, 특히 겨울철에는 뜨거운 물을 담아 침낭 속을 데우는 난로 대용으로 쓸 수도 있다.

몸을 닦는 세제는 수질오염을 고려해 친환경제품을 가져가고, 아예 세제 없이 따뜻한 물수건을 이용해 고양이 세수 정도로 적당히 닦았으면 좋겠다. 캠핑장에서 더운물 샤워까지 원한다면 차라리 콘도를 이용하시길. 오히려 야영을 마치고 근처 온천에서 피로를 푸는 것이 한결 낫다.

어젯밤 당신이 야영장에서 한 일을 아무도 모르게 하라. 겨울에 모닥불을 피우더라도 재를 담는 받침이 있는 화로대를 이용해야 땅 위에 흔적을 남기지 않을 뿐더러 땅속 미생물의 피해를 줄일 수 있다. 쓰레기는 반드시 되가져간다. 간혹 과일껍질  을 야생동물 먹이라고 그냥 버리거나 썩는다고 흙에 파묻는 사람들이 있다. 절대 안된다. 농약 묻은 껍질들 때문에 야생동물들이 불임에 걸릴 뿐더러 잘 썩지도 않는다. 쓰레기통이 있더라도 시골은 도시에 비해 수거 자체가 힘들기 때문에 가져가는 것이 도리다. 부디 우리는 하룻밤 야생동물의 집에 놀러간 손님이라는 생각을 잊지 말자.

충주~괴산

- 탄금대 공원 : 충청북도 충주시 칠금동 산 1-1
- 단호사 : 충청북도 충주시 단월동 455
- 조령산 자연휴양림 : 충청북도 괴산군 연풍면 원풍리 산 1-1

충주 단호사 삼층석탑

조령3관문

문경~상주

- 문경새재 도립공원 : 경상북도 문경시 문경읍 상초리 288-1
- 불정 자연휴양림 : 경상북도 문경시 불정동 산 71-1
- 성주봉 자연휴양림 : 경상북도 상주시 은척면 남곡리
- 경천대 국민광광지 : 경상북도 상주시 사벌면 삼덕리
- 상주 동학교당 : 경상북노 상주시 은척면 우기리 728

상주 화달리 삼층석탑

동학교당

거창~산청

- 수승대 국민관광지 : 경상남도 거창군 위천면
- 갈계숲 : 경상남도 거창군 북상면 갈계리
- 용암정 : 경상남도 거창군 북상면 농산리 63
- 도천서원 : 경상남도 산청군 신안면 신안리
- 목면시배유지 문익점기념관 : 경상남도 산청군 단성면 사월리
- 남사예담촌 : 경상남도 산청군 단성면 남사리
- 산천재와 남명기념관 : 경상남도 산청군 시천면 사리 468
- 대포숲 : 경상남도 산청군 삼장면 대포리

항공우주박물관

물건어부방조림

도천서원

진주~사천

- 진주성 : 경상남도 진주시 상대동 284
- 항공우주박물관 : 경상남도 사천시 사남면 유천리 802

남해~하동

- 지족갯마을 : 경상남도 남해군 삼동면
- 물건어부방조림 : 경상남도 남해군 삼동면 물건리
- 충렬사 : 경상남도 남해군 설천면 노량마을
- 하동포구공원 : 경상남도 하동군 하동읍 목도리

순천~고흥

- 순천 기적의 도서관 : 전라남도 순천시 해룡면 상삼리 666
- 남열 해수욕장 : 전라남도 고흥군 영남면 남열리
- 나로도 우주센터 : 전라남도 고흥군 봉래면 예내리

- 소록도 : 전라남도 고흥군 도양읍 소록리
- 녹동신항여객선터미널 : 전라남도 고흥군 도양읍

남열 해수욕장 몽골 텐트촌

소록도 중앙공원

제주도~마라도

- 산천단 : 제주특별자치도 제주시 아라1동
- 한라산 관음사 야영장 : 제주시 오등동
- 협재 해수욕장 : 제주시 한림읍 협재리
- 모슬포항 : 서귀포시 대정읍 하모리
- 송악산 : 서귀포시 대정읍 상모리
- 초콜릿박물관 : 서귀포시 대정읍 일과리 551-18
- 이중섭기념관 : 서귀포시 서귀동
- 모구리 야영장 : 서귀포시 성산읍 난산리 2960-1
- 대한항공정석항공관 : 서귀포시 표선면 가시리 3795-2
- 자연사랑갤러리 : 서귀포시 표선면 가시리 1920-1
- 김영갑갤러리(두모악) : 서귀포시 성산읍 삼달리 437-5
- 제주민속자연사박물관 : 제주시 삼성로 46

산천단 곰솔숲

제주 초콜릿박물관

지은이 | 김선미

1판 1쇄 펴냄 | 2006년 8월 1일
개정판 1쇄 펴냄 | 2009년 6월 15일

펴낸이 | 노미영
펴낸곳 | 마고북스

등록 | 2002. 1. 8 제 22-2083호
주소 | 서울시 마포구 서교동 458-20 푸른감성빌딩 2층
전화 | 02-523-3123, 3107
팩스 | 02-523-3187
전자 우편 | magobooks@naver.com

ISBN 978-89-90496-48-5   13590